INHALTSVERZEICHNIS

Diese Hefte erscheinen dreimal jährlich. Bestellungen nimmt jede Buchhandlung entgegen. Der Bezugspreis beträgt 15,— RM jährlich, 5,— RM für ein Einzelheft. Zu je drei Heften wird am Schluß des Jahres eine Einbanddecke geliefert.

JAHRBUCH DER AEG-FORSCHUNG

HERAUSGEBER W. PETERSEN UND C. RAMSAUER
REDAKTION H. BACKE

NEUNTER BAND
ERSTE LIEFERUNG
APRIL 1942

Springer-Verlag Berlin Heidelberg GmbH

+

Ursprünglich erschienen bei Springer-Verlag O.H.G. in Berlin 1942

ISBN 978-3-662-26976-3 ISBN 978-3-662-28454-4 (eBook)
DOI 10.1007/978-3-662-28454-4

Zur Theorie des Elektronenmikroskops für Selbststrahler.

Von A. Recknagel, Forschungs-Institut.

Problemstellung. Zur elektronenoptischen Abbildung selbstemittierender Objekte benutzt man Abbildungssysteme, deren Wirkungsweise an einem speziellen Typ, dem Immersionsobjektiv[1]), erläutert sei (Bild 1). An der Kathode K, dem Objekt der Abbildung, wird durch die Anode A ein Feld zum Absaugen der emittierten Elektronen erzeugt. Durch geeignete Aufladung der Gitterblende G erhält

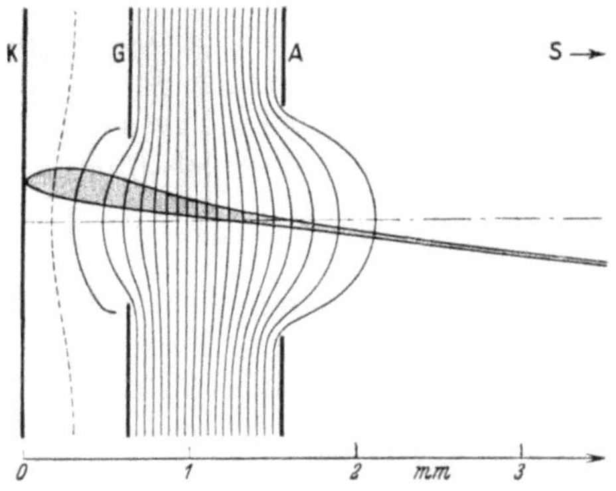

Bild 1. Potentialfeld des Immersionsobjektivs.

dieses Feld Linseneigenschaften. Die Elektronen, die durch die Kreislochblenden G und A hindurchgetreten sind, erzeugen daher auf dem Leuchtschirm S ein Bild der Kathode. Ein solches Abbildungssystem zeigt Besonderheiten, wie sie ein Mikroskop zur Abbildung durchstrahlter Objekte nicht hat: Einmal haben die Elektronen im abbildenden Feld sehr kleine Geschwindigkeiten, nämlich direkt an der Kathode nur ihre vom Auslösungsprozeß herrührende Eigengeschwindigkeit; ferner tragen wegen des starken Saugfeldes auch die unter großem Winkel gegen die optische Achse emittierten Elektronen zum Bild bei. Diese beiden Eigenschaften erfordern bei der theoretischen Behandlung des Selbststrahlungsmikroskopes eine vom üblichen Verfahren abweichende Rechnung, die in einer früheren Arbeit gegeben wurde[2]).

Die große Anfangsneigung der Elektronenstrahlen gegen die optische Achse und die kleine Elektronengeschwindigkeit, also große Beeinflußbarkeit, im Linsenfeld haben zur Folge, daß starke Abbildungsfehler auftreten werden. Dabei hat man nicht nur mit großen geometrischen oder chromatischen Fehlern zu rechnen, wie sie in (A)[2]) behandelt wurden. Vielmehr hat man auch eine große Anfälligkeit gegen zufällige Störfelder zu erwarten.

[1]) H. Johannson, Ann. Phys. **18** (1933), 385.

[2]) A. Recknagel, Z. Phys. **117** (1941), 689; im folgenden als (A) zitiert.

Diese Einflüsse sekundärer Natur, die in (A) nicht berücksichtigt wurden, sollen an dieser Stelle behandelt werden.

Die dabei in Betracht gezogenen Störfelder entstehen, weil die Kathode in Wirklichkeit keine ebene Äquipotentialfläche ist, wie es in (A) vorausgesetzt wurde. Entweder sind kleine Rauhigkeiten der Kathode vorhanden, die das Feld deformieren, oder die Kathode ist zwar eben, Störungen werden aber durch die unterschiedliche Austrittsarbeit der einzelnen Kathodenpunkte verursacht. Beispielsweise kann bei einer Wolframkathode mit einem kleinen Thoriumfleck die glühelektrische Austrittsarbeit beim Thorium etwa 2 eVolt kleiner sein als beim Wolfram. Entsprechend diesem Unterschied der Austrittsarbeit tritt ein Kontaktpotential und damit ein Störfeld an der Kathode auf. Bei der Potentialstörung durch Kontaktpotentiale auf der Kathode sind zwei Grenzfälle hervorzuheben. In dem einen Falle ist die räumliche Ausdehnung der betrachteten Störung groß gegen die kleinsten noch erkennbaren Einzelheiten. Ein solcher Fall liegt manchmal bei den bekannten elektronenoptischen Bildern von Kristallstrukturen vor, wo oft auf den verschieden emittierenden Kristalliten noch feinere Einzelheiten erkennbar sind[3]). Hier ist der Einfluß der betrachteten Potentialstörung von untergeordneter Bedeutung, es wird daher im folgenden auch nur kurz an einem Beispiel gezeigt werden, daß eine solche Potentialstörung nur eine geringfügige Änderung gegen die Verhältnisse ohne Störung bedingt. Im zweiten der oben erwähnten Grenzfälle liegt die räumliche Ausdehnung der Störung in der Größe der gerade noch erkennbaren Einzelheiten. Hier kann eine starke Beeinflussung des resultierenden Auflösungsvermögens vorliegen. Dieser Fall soll eingehender untersucht werden. Bei den Kathodenrauhigkeiten ist wachsende räumliche Ausdehnung nicht mit Abnahme des Einflusses auf die Elektronenbahnen verbunden.

Abbildung ebener Äquipotentialkathoden. Die Untersuchung der Feldstörung setzt einige Ergebnisse aus (A) voraus, die zunächst zusammengestellt werden sollen. Dort hatte sich ergeben, daß die Bildfehler durch jedes Stück des durchlaufenen Feldes mitbestimmt werden. Eine Ausnahme bilden in erster Näherung die sphärische und die chromatische Aberration. Diese beiden Fehler wurden besonders betrachtet, weil sie eine Verschlechterung der Bildgüte auf dem ganzen

[3]) E. Brüche, Z. Phys. **98** (1935), 77.

Bildfeld, also auch auf der optischen Achse, bewirken. In erster Näherung ist für diese Fehler nur das an der Kathode herrschende Feld maßgebend, nicht aber der Feldverlauf im übrigen Teil des Abbildungssystems. Es sei ε das der Austrittsenergie entsprechende Beschleunigungspotential, α der Winkel zwischen Elektronenbahn und optischer Achse an der Kathode, E die Feldstärke an der Kathode, V der Abbildungsmaßstab. Ferner sei r der Abstand zwischen dem idealen Bildpunkt und dem Durchstoßungspunkt eines Strahls mit der Bildebene, d. h. die Aberration des Strahles. Nimmt man den auf der optischen Achse liegenden Kathodenpunkt als Objekt, so gibt r direkt die sphärische Aberration. In diesem Fall ergibt sich nach [*A*, (32)]:

$$r = 2\,V \frac{\varepsilon}{E} \sin\alpha\,(1 - \cos\alpha)\,\cdot \tag{1}$$

Die im gesamten Winkelbereich $0 < \alpha < \frac{\pi}{2}$ emittierten Elektronen sind demnach über einen Kreis vom Durchmesser

$$\Delta = 4 \frac{\varepsilon}{E} V \tag{2}$$

zerstreut. Da nicht nur eine einzige Elektronenenergie auftritt, sondern ein oft sehr weit ausgedehntes Energiespektrum, das einen chromatischen Fehler verursacht, so muß man auch die Abschattierung der Intensität im Zerstreuungskreis berücksichtigen. Man führt dazu zweckmäßigerweise einen effektiven Zerstreuungskreis ein, innerhalb dessen ein bestimmter Bruchteil der Gesamtintensität liegt bzw. auf dessen Rand die Intensität auf einen bestimmten Bruchteil abgeklungen ist. Im folgenden wird mit solchen effektiven Zerstreungskreisen gerechnet, die durch geeignete Wahl von ε aus (2) gewonnen werden. Setzt man, falls das Energiespektrum eine scharfe obere Grenze hat, diese höchste Energie in (2) ein, so erhält man sicher eine obere Grenze für den effektiven Zerstreuungskreis. Im allgemeinen ist es besser, eine geeignet gewählte mittlere Energie einzusetzen. Eine in (*A*) für die glühelektrische Energieverteilung durchgeführte Abschätzung ergab, daß die wahrscheinlichste Elektronenenergie eingesetzt werden kann[4]).

Durch die Formel (1) wird das folgende, anschaulich auch ohne Rechnung leichtverständliche[5]) Schema des Abbildungsvorganges gerechtfertigt, das in den nächsten Abschnitten mehrfach benutzt wird. Unmittelbar an der Kathode liegt ein homogenes Feld der Stärke E und der (für das weitere belanglosen) Länge l. Dahinter sitzt eine fehlerfreie Linse, die eine Vergrößerung V bewirkt. Wegen des homogenen Feldes erscheint die Kathode für die Linse zurückverlegt, d. h. die von einem Kathodenpunkt ausgehenden Paraxialstrahlen scheinen nach Durchlaufen des Feldes von einem Punkt zu kommen, der um die Strecke

$$l + 2\frac{\varepsilon}{E} - 2\sqrt{\frac{\varepsilon}{E}}\sqrt{l + \frac{\varepsilon}{E}} \tag{3}$$

hinter der Kathode liegt. Dies ist der ideale „Bildpunkt“, den das homogene Feld von dem Kathodenpunkt erzeugt, und zugleich der Objektpunkt für die Linse. Für einen Strahl mit großem Öffnungswinkel hat die Rückverlegung einen anderen Wert; infolgedessen scheint dieser Strahl von einem Punkt der rückverlegten Kathode zu kommen, der näherungsweise den Abstand

$$2\frac{\varepsilon}{E} \sin\alpha\,(1 - \cos\alpha) \tag{4}$$

vom Bildpunkt hat. Bei der Abbildung durch die fehlerfreie Linse wird dieser Fehler einfach vergrößert abgebildet. Dadurch erhält man Formel (1). Aus der Formel (2) konnte das Auflösungsvermögen des Selbststrahlungsmikroskops berechnet werden, soweit es durch den sphärischen und den chromatischen Fehler begrenzt ist. Genauer wäre — statt Auflösungsvermögen — zu sagen: das Punkttrennungsvermögen[6]), denn als auflösbare Strecke δ wurde der Durchmesser des Zerstreuungskreises, bezogen auf das Objekt, angegeben:

$$\delta = \frac{\Delta}{V} = 4\frac{\varepsilon}{E}\,. \tag{5}$$

Bei gegebener Feldstärke werden zwei Punkte getrennt abgebildet, die um diese Strecke entfernt sind, da sich die Zerstreuungskreise gerade berühren. Umgekehrt: Ein vorgegebenes Punkttrennungsvermögen läßt sich durch geeignete Wahl der Feldstärke erreichen.

Nach dem oben Gesagten ist klar, daß die Formeln (1) bzw. (5) nur einen ersten Überblick geben können. Insbesondere könnte es vorkommen, daß nicht nur das Feld an der Kathode, sondern auch die übrigen Feldteile mitberücksichtigt werden müssen[7]). Es zeigt sich jedoch, daß die vorhandenen Experimente über das Auflösungsvermögen in einem weiten Feldbereich größenordnungsmäßig richtig wiedergegeben werden. Brüche und

[4]) Die Einstellebene, in der das Bild zu beobachten ist, liegt von vornherein nicht fest. Da jeder Energie eine andere ideale Bildebene entspricht, kann man noch die Elektronen aussuchen, deren Bildebene als Einstellebene dienen soll. Diese Freiheit bedeutet eine Möglichkeit, den Fehler herabzusetzen. In (*A*) wurde die Bildebene der ohne Geschwindigkeit startenden Elektronen als Einstellebene gewählt. Es ist daher anzunehmen, daß der berechnete effektive Zerstreuungskreis eine obere Grenze bedeutet.

[5]) Das hier beschriebene einfache Schema des Abbildungsvorganges wurde bereits früher zur Bestimmung des Auflösungsvermögens spezieller Selbststrahlungsmikroskope benutzt (W. Henneberg und A. Recknagel, Z. techn. Phys. **16** (1935), 230).

[6]) Bekanntlich kann man bei einem vorgegebenen Punkttrennungsvermögen kompliziertere Strukturen, z. B. Dreiecke, gleicher Größe nicht als solche erkennen (B. v. Borries und G. A. Kausche, Kolloid-ZS. **90** (1940), S. 132).

[7]) Der Verlauf des Feldes im einzelnen ist maßgeblich bestimmend für die in (5) nicht berücksichtigten Fehler (Bildfeldwölbung usw.). Es ist denkbar, daß durch solche Fehler eine größere Abhängigkeit des erreichbaren Auflösungsvermögens vom speziellen Feldverlauf vorgetäuscht wird, als sie nach (5) vorhanden sein sollte.

Knecht[8]) stellten bei Kathodenabbildung mit dem Immersionsobjektiv durch Aufsuchen eng benachbarter, aber getrennt abgebildeter Punkte ein Auflösungsvermögen von $3\,\mu$ sicher. Bei ihrer Anordnung war $E \sim 1500$ V/cm, $\varepsilon = 0{,}1$ V (glühelektrische Elektronenauslösung). Nach (5) ergibt sich mit diesen Angaben als Auflösungsvermögen $2{,}5\ \mu$. Inzwischen sind von verschiedenen Seiten Experimente durchgeführt worden mit dem Ziel, die lichtmikroskopische Auflösungsgrenze mit dem Emissionsmikroskop zu erreichen bzw. zu überschreiten. Mecklenburg, Mahl[9]) und Boersch[10]) arbeiteten dabei mit rein elektrischen Abbildungssystemen, Kinder mit einer magnetischen Linse. Alle bei diesen Versuchen benutzten Anordnungen haben an der Kathode so hohe Feldstärken, daß nach der in (*A*) gegebenen Theorie die Überschreitung der lichtmikroskopischen Auflösung möglich sein muß. In Übereinstimmung mit dieser Voraussage wurde die lichtmikroskopische Auflösungsgrenze überschritten. Da die maßgeblichen Feldstärken überall von etwa der gleichen Größe sind, sollen nur die Werte für zwei der Anordnungen angegeben werden. Boersch benutzt eine Feldstärke von 30 kV/cm; es sollte also nach (5) mindestens die Trennung von Punkten im Abstand von $0{,}13\ \mu$ möglich sein. Tatsächlich getrennt sind Punkte von $0{,}07\ \mu$. Bei Mecklenburg ist die Feldstärke 40···50 kV/cm, das mindestens erreichbare Auflösungsvermögen $0{,}08\ \mu$, das tatsächlich erreichte $0{,}04\ \mu$ (laut freundlicher mündlicher Mitteilung von Herrn Mecklenburg).

Einfluß von Störfeldern. Die Wirkung der zufälligen Störfelder hängt in gleicher Weise von der Feldstärke ab, wie die im vorigen Abschnitt behandelten Bildfehler bei ebenen Äquipotentialkathoden. Dies läßt sich durch Anwendung der elektronenoptischen Ähnlichkeitsgesetze ableiten.

Es sei eine beliebige Verteilung der Kontaktpotentiale auf der ebenen Kathode vorgegeben, z. B. eine Struktur aus Streifen abwechselnd positiven und negativen Potentials (bei Glühemission bedeutet das abwechselnd helle und dunkle Streifen). Die Struktur sei so groß, daß sie mit einem vorgegebenen Abbildungssystem aufgelöst werden kann. Werden nun die Lineardimensionen der Struktur etwa auf die Hälfte verkleinert und wird dabei die Auflösungsgrenze unterschritten, so kann, wie sofort gezeigt werden soll, die alte Auflösung wiederhergestellt werden, wenn die Feldstärke an der Kathode auf den doppelten Wert erhöht wird. Man denke beispielsweise an das einfache Schema, bestehend aus homogenem Feld der Länge l und dahinter sitzender elektrischer Linse. Die Vergrößerung der Feldstärke kann man am einfachsten — ohne geometrische Änderung der Abbildungseinrichtung — bewirken, indem man alle im Mikroskop benutzten Spannungen auf das Doppelte erhöht.

In dem so veränderten System betrachte man den Feldteil, der aus der verkleinerten Kathode und einem homogenen Feldstück der Länge $\frac{l}{2}$ besteht. Dieser Feldteil könnte auch entstanden sein unter Konstanthaltung aller Spannungen durch geometrisch ähnliche Verkleinerung des ursprünglichen Feldteiles aus Kathode und homogenem Feld der Länge l. Nach den elektronenoptischen Ähnlichkeitsgesetzen sind die Elektronenbahnen in diesem Abbild des ursprünglichen Feldes den ursprünglichen Bahnen geometrisch ähnlich. Also sind auch die Bildfehler ebenso wie die abzubildende Struktur auf die Hälfte verkleinert. Die Elektronen haben zwar in dem neuen System, ehe sie auf die Linse treffen, noch ein weiteres Feldstück der Länge $\frac{l}{2}$ zu durchlaufen, dem im ursprünglichen Feld nichts entspricht. In diesem Feldteil sind die Elektronen aber schon so schnell und nur noch so wenig gegen die Achse geneigt, daß der Fehler dieses Feldteils genau wie der der Linse vernachlässigt werden kann. Also ist auch der vom gesamten Feld erzeugte Fehler in gleichem Maßstab wie die abzubildende Struktur verkleinert, die Struktur läßt sich tatsächlich wieder auflösen. Ergänzend sei noch hinzugefügt, daß man die gleiche Überlegung auch anwenden kann, wenn die aufzulösende Struktur nicht durch Potentialinhomogenitäten erzeugt wird, sondern durch eine geometrische Struktur der Kathode, wenn man z. B. eine periodische Riefelung der Kathode auflösen will.

Diesem Ergebnis zufolge hängt im Bereich der geometrischen Elektronenoptik das erreichbare Auflösungsvermögen von der Feldstärke ab, die man an die Kathode legen kann, ohne daß störende Entladungen auftreten. Da diese Grenzfeldstärke nicht beliebig gesteigert werden kann, ist es wichtig, ob zur Auflösung einer gegebenen Struktur eine wesentlich größere Feldstärke erforderlich ist als im Falle einer gleich großen, aber nicht mit Feldstörungen verbundenen Struktur. Diese Frage erfordert die Kenntnis der Elektronenbahnen im einzelnen, sie macht also von Fall zu Fall eine besondere Untersuchung nötig. Daher wurden zwei Beispiele von Störfeldern ausgesucht und die Elektronenbahnen in diesen Feldern numerisch berechnet. Das eine war die schon erwähnte Struktur aus Streifen gleicher Breite von abwechselnd positivem und negativem Potential, das andere ein einzelner kreissymmetrischer Fleck positiven Potentials. Dabei wurde die von den emittierten Elektronen vor der Kathode erzeugte Raumladung vernachlässigt. Wie an dieser Stelle gleich vorausgeschickt werden mag, ergab

[8]) E. Brüche u. W. Knecht, Z. Phys. **92** (1934), 462.
[9]) C. Ramsauer, Elektronenmikroskopie, Springer 1942.
[10]) H. Boersch, Naturwiss. **30** (1942), 120.

die Durchrechnung dieser beiden Fälle, daß je nach dem Charakter der Störung sowohl eine Verbesserung als auch eine Verschlechterung des Auflösungsvermögens eintreten kann. Man braucht daher nicht zu befürchten, daß die Feldstörungen ein Emissions-Übermikroskop unmöglich machen werden.

S p e z i e l l e S t ö r f e l d e r. Bei der numerischen Durchrechnung der Elektronenbahnen in den Stör-

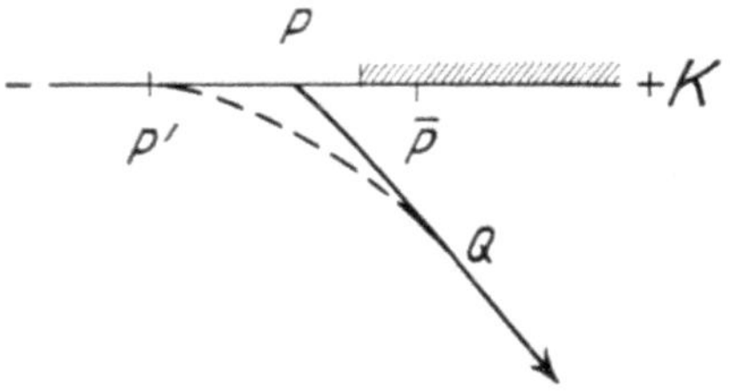

Bild 2. Zur Berechnung des Auflösungsvermögens.

feldern wurde ebenfalls das oben abgeleitete einfache Schema des Abbildungsvorganges benutzt. Da die räumliche Ausdehnung der Störung klein ist, kann angenommen werden, daß nur das homogene Feld an der Kathode, nicht aber die Abbildungslinse durch die Störung beeinflußt wird. Die von einem Kathodenpunkt P (Bild 2) ausgehende Bahn sei bis zu einem Punkt Q in solcher Entfernung von der Kathode bestimmt, daß das Störfeld (in der angestrebten Genauigkeit) keinen Einfluß mehr auf die Elektronenbahn hat. Es soll also nur noch das ungestörte homogene Feld wirken. Wäre das Feld zwischen Q und der Kathode ebenfalls homogen mit der ursprünglichen Feldstärke, dann müßte das Elektron bei unveränderter Gesamtenergie unter einem bestimmten Winkel gegen die Kathodennormale von einem im allgemeinen von P verschiedenen Punkt P' ausgehen, um auf einer Parabelbahn (in Bild 2 gestrichelt) nach Q zu kommen. Von P aus gelangt unter dem Einfluß der Störfelder dieselbe Emission in das Abbildungssystem wie von den in ganz bestimmter Weise emittierenden Punkten P' ohne Störfelder. Zu den Punkten P' lassen sich ohne Störfelder nach den obengenannten Formeln sofort die Punkte der rückverlegten Kathode bestimmen, von denen die Elektronen nach Durchlaufen des g a n z e n Beschleunigungsfeldes zu kommen scheinen. Denkt man sich diese Punkte senkrecht auf die wirkliche Kathode projiziert, so erhält man die Punkte $\bar{P}$. Die Entfernung zwischen $\bar{P}$ und P liefert das Auflösungsvermögen[11]).

Zahlenmäßig ergibt sich die Entfernung zwischen P' und P sofort aus (4). Neu zu berechnen ist nur noch die Lage von P' und die Richtungen, unter denen in diesen Punkten emittiert wird. Manchmal wird der Schnittpunkt P' zwischen der Kathode und der von Q aus nach der Kathode hin gelegten Parabelbahn imaginär, d. h. der Scheitel der Parabel liegt vor der Kathode; in diesem Falle kann man als Punkt P' die senkrechte Projektion des Parabelscheitels auf die Kathode benutzen. Eine einfache Rechnung zeigt, daß nun die Entfernung $P'\bar{P}$ durch $2 \cdot \frac{\varepsilon}{E} \cdot \frac{\bar{v}}{v}$ gegeben ist. Dabei ist v diejenige Elektronengeschwindigkeit, die das Elektron ohne Störfeld — bei unveränderter G e s a m t energie — an der Kathode haben würde; $\bar{v}$ ist die entsprechende Geschwindigkeit im Parabelscheitel. Zwischen ε und v besteht die Beziehung $e\,\varepsilon = \frac{m}{2} v^2$.

Um das System der Punkte P' zu berechnen, wird ein rechtwinkliges Koordinatensystem so in das Abbildungsfeld gelegt, daß die z-Achse mit der optischen Achse und die x-y-Ebene mit der Kathodenebene zusammenfällt. Die Entfernung von der optischen Achse wird ϱ genannt; $\varrho = \sqrt{x^2 + y^2}$. Das elektrostatische Potential in irgend einem Raumpunkt wird mit $\varphi\,(x, y, z)$ bezeichnet. Als Potentialnullpunkt wird das Kathodenpotential gewählt, das ohne Potentialstörung vorliegen würde. Das ungestörte Feld an der Kathode heiße wieder E, die größte auf der Kathode vorhandene Abweichung des Potentials vom ungestörten Kathodenpotential sei U_0. Zunächst wird das System betrachtet, das aus periodisch abwechselnden Streifen positiven und negativen Potentials besteht. Die Streifenbreite sei $\frac{d}{2}$, die Gitterkonstante habe also den Wert d. In der Richtung der y-Achse seien die Streifen unendlich ausgedehnt. Die einfachste Form eines solchen Potentials lautet

$$\varphi = U_0 \cdot \sin 2\pi \frac{x}{d}\, e^{-2\pi \frac{z}{d}} + Ez\,. \tag{6}$$

Das Potential auf der Kathode schwankt sinusförmig, mit wachsender Entfernung von der Kathode nimmt die Störung exponentiell ab. Man hat nun die Newtonschen Bewegungsgleichungen für die Elektronenbewegung in diesem Feld aufzustellen und zu integrieren. Führt man zur Abkürzung ein

$$2\pi \frac{x}{d} = \xi\,,\quad 2\pi \frac{z}{d} = \zeta \tag{7'}$$

$$t = \sqrt{\frac{m\,d}{e\,E\,\pi}}\,\tau \tag{7''}$$

$$4\pi \frac{U_0}{E\,d} = R\,,\quad 8\pi \frac{\varepsilon}{E\,d} = S^2\,, \tag{7'''}$$

dann lauten die Bewegungsgleichungen[12])

$$\frac{d^2\xi}{d\tau^2} = R \cos \xi\, e^{-\zeta} \tag{8'}$$

$$\frac{d^2\zeta}{d\tau^2} = -R \sin \xi\, e^{-\zeta} + 2 \tag{8''}$$

[11]) Dabei soll die Einstellung des Abbildungssystems unabhängig davon sein, ob Störfelder vorhanden sind oder nicht. Es soll z. B. so eingestellt sein, daß ohne Störfelder eine Abbildung der Kathodenebene erreicht würde. An sich ist denkbar, daß eine andere Einstellung günstiger ist; man hat dann bei der hier gewählten Betrachtungsweise den Einfluß der Störfelder ü b e r schätzt.

[12]) Das Potentialfeld (6) beeinflußt die y-Komponente der Bewegung nicht; daher genügt es, die x- und die z-Komponente zu betrachten.

und der Energiesatz

$$\frac{1}{2}\left[\left(\frac{d\xi}{d\tau}\right)^2+\left(\frac{d\zeta}{d\tau}\right)^2\right]=\frac{S^2}{2}+2\,\zeta+R\sin\xi\, e^{-\zeta}\,.\ ^{13)} \qquad (9)$$

Der Anfang der Bewegung kann durch Reihenentwicklung nach τ bestimmt werden. Werden die Koordinaten des Startpunktes sowie die Geschwindigkeitskomponenten am Startpunkt durch den Index a bezeichnet $\left(\xi_a,\ \dot{\xi}_a=\frac{d\xi}{d\tau}\Big/_{\xi_a\zeta_a}\ldots\right)$, so lauten die Bahngleichungen:

$$\xi=\xi_a+\dot{\xi}_a\tau+Re^{-\zeta_a}\Big\{\cos\xi_a\Big[\frac{\tau^2}{2}-\dot{\zeta}_a\frac{\tau^3}{2\cdot 3}+\Big(-\frac{\dot{\xi}_a^2}{2}+\frac{\dot{\zeta}_a^2}{2}-1+\frac{R}{2}\sin\xi_a e^{-\zeta_a}\Big)\frac{\tau^4}{3\cdot 4}+\ldots\Big]$$
$$-\sin\xi_a\Big[\dot{\xi}_a\frac{\tau^3}{2\cdot 3}+\Big(-\dot{\xi}_a\dot{\zeta}_a+\frac{R}{2}e^{-\zeta_a}\cos\xi_a\Big)\frac{\tau^4}{3\cdot 4}+\ldots\Big]\Big\} \qquad (10')$$

$$\zeta=\zeta_a+\dot{\zeta}_a\tau+\tau^2-Re^{-\zeta_a}\Big\{\sin\xi_a\Big[\frac{\tau^2}{2}-\dot{\zeta}_a\frac{\tau^3}{2\cdot 3}+\Big(-\frac{\dot{\xi}_a^2}{2}+\frac{\dot{\zeta}_a^2}{2}-1+\frac{R}{2}\sin\xi_a e^{-\zeta_a}\Big)\frac{\tau^4}{3\cdot 4}+\ldots\Big]$$
$$+\cos\xi_a\Big[\dot{\xi}_a\frac{\tau^3}{2\cdot 3}+\Big(-\dot{\xi}_a\dot{\zeta}_a+\frac{R}{2}e^{-\zeta_a}\cos\xi_a\Big)\frac{\tau^4}{3\cdot 4}+\ldots\Big]\Big\}\,. \qquad (10'')$$

Für größere Entfernung vom Startpunkt (große Werte von z) würden diese Entwicklungen zu schlecht konvergieren. Für diese Werte wurde ein Verfahren der sukzessiven Approximation angewandt: Zunächst werden für ξ und ζ Funktionen von τ gesucht, von denen man glaubt, daß sie einigermaßen richtig sind. Solche Näherungsfunktionen werden durch die Entwicklungen (10) selbst bei verhältnismäßig großen Werten von τ noch geliefert. Versagen die Reihen schließlich auch dafür, dann kann man die erhaltene Näherungslösung für noch größere τ (größere Entfernung von der Kathode) fortsetzen, indem man das Störfeld vernachlässigt. Die so erhaltenen Näherungslösungen werden auf der rechten Seite von (8′) und (8″) eingesetzt. Durch Integration werden verbesserte Werte bestimmt, die wieder rechts eingesetzt werden usw. Sind die Ausgangsfunktionen einigermaßen geschickt gewählt, so kommt man bei der hier anzustrebenden Genauigkeit schon mit ein- oder zweimaliger Wiederholung des Verfahrens aus.

In den Bildern 3 und 4, die senkrechte Schnitte zu den Potentialstreifen darstellen, sind die numerisch berechneten Elektronenbahnen gezeichnet. Gestrichelt ist der Bahnverlauf angedeutet, der bei gleicher Gesamtenergie des Elektrons ohne Störfeld zum gleichen Endresultat führen würde. Weiter sind die bereits früher definierten Punkte $\bar{P}$ angegeben, die für das Auflösungsvermögen maßgebend sind. In Bild 3 haben die in (7‴) definierten Konstanten die Werte $R=5$, $S=2{,}5$, in Bild 4 lauten die entsprechenden Zahlen $R=3$, $S=2$; nach (7‴) bedeuten diese Zahlenwerte $2\,U_0=3{,}2\,\varepsilon$ bzw. $2\,U_0=3\,\varepsilon$. Bei $\varepsilon=0{,}1$ (Glühelektronen) hätte die größte auf der Kathode auftretende Potentialdifferenz demnach ungefähr den Wert 0,3 V; die Emissionsunterschiede würden für ein deutliches glühelektrisches Strukturbild genügen. Die Abmessungen der Störung sind $d=4{,}02\,\frac{\varepsilon}{E}$ bzw. $d=6{,}28\,\frac{\varepsilon}{E}$. Die Zahlenfaktoren dieser Beziehungen liegen in derselben Größenordnung wie der Faktor in Formel (5). Die Potentialstörung ist also von gleicher räumlicher Ausdehnung wie das Auflösungsvermögen, das ohne Potentialstörung auftreten würde.

Das Gebiet positiven Störpotentials auf der Kathode ist in den Bildern 3 und 4 durch Schraffur hervorgehoben. Bei einer Glühkathode würde dieses Gebiet stark emittieren. Die aus diesem Gebiet emittierten Elektronen sind bei der Bestimmung

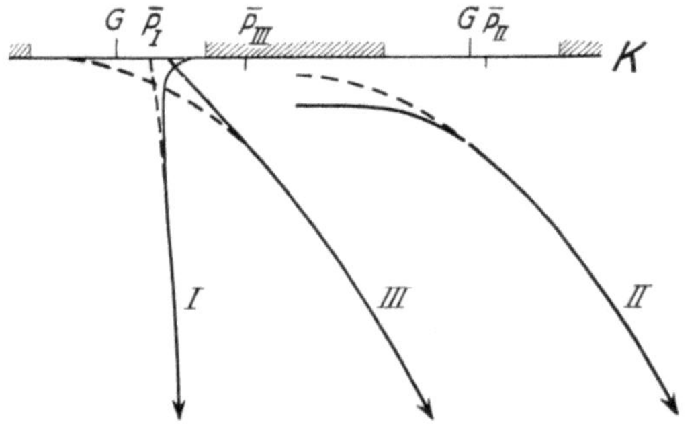

Bild 3. Elektronenbahnen im gestörten Potentialfeld (R = 5, S = 2,5).

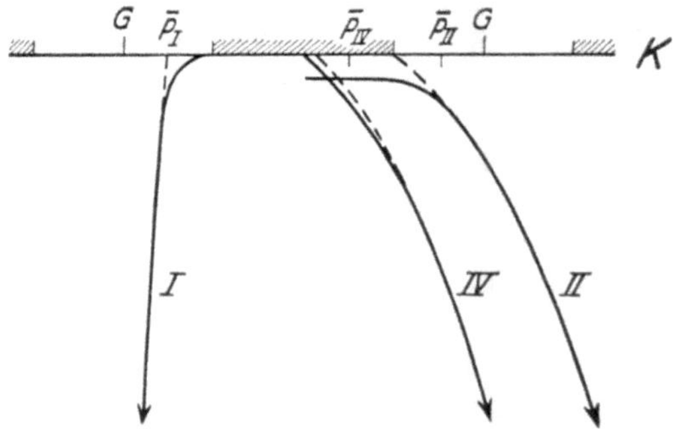

Bild 4. Elektronenbahnen im gestörten Potentialfeld (R = 3, S = 2).

[13]) Man sieht, daß ohne Störfeld ($R=0$) an der Kathode ($\zeta=0$) die Energie den Wert $e\varepsilon$ hat. Wegen der Potentialdifferenzen auf der Kathode hängt daher die Anfangsgeschwindigkeit der betrachteten Elektronen noch von ihrem Startpunkt ab.

der Auflösung zu betrachten. Die feineren Emissionsunterschiede (stärkste Emission in der Mitte des schraffierten Bereiches, Abnahme nach außen) bleiben außer Betracht. Ohne Störfeld wäre die einfachste Definition des Auflösungsvermögens die, daß die Zerstreuungskreise von gegenüberliegenden Randpunkten zweier heller Streifen sich gerade berühren. Unter dieser Voraussetzung wäre für das Auflösungsvermögen dasjenige Elektron maßgebend, das an der Grenze des stark emittierenden Bereiches tangential nach dem schwach emittierenden Bereich hin austritt. Die entsprechende Bahn mit Störfeld ist in den Bildern 3 und 4 mit (*I*) bezeichnet. Der zugehörige Punkt $\bar{P}_I$ liegt um weniger als die halbe Streifenbreite von der Grenze hell-dunkel entfernt, man müßte daher auf Grund dieser Bahn allein eine Auflösung der Struktur erwarten (die Grenzlage, die $\bar{P}$ noch annehmen darf, ist *G*). Wäre das Störpotential nicht vorhanden, so würde die Struktur nicht aufgelöst werden; es müßte $d=8\frac{\varepsilon}{E}$ gelten[14]).

Das vom gleichen Kathodenpunkt in umgekehrter Richtung startende Elektron trägt nicht zum Bild bei; es wird zur Kathode zurückgebogen. Diese Elektronenbahn ist in Bild 3, für welchen Fall sie berechnet wurde, nicht eingezeichnet, da sie sich bei dem benutzten Maßstab zu wenig von der Kathode unterscheiden würde. Zwischen den beiden bisher behandelten Bahnen treten Zwischentypen auf wie die Bahn in Bild 2. Es wäre unerfreulich, eine größere Anzahl dieser Bahnen, womöglich noch für verschiedene Startpunkte, durchzurechnen; daher wurde eine Bahn herausgesucht, von der man erwarten kann, daß sie einen möglichst großen Fehler verursacht. Dies ist die Bahn (II) des Bildes 3 bzw. 4. Ihr Startpunkt ist der Sattelpunkt vor dem positiven Kathodenteil, dort soll sie parallel zur Kathodenoberfläche sein. Eine von der Kathode ausgehende und den Sattelpunkt berührende Bahn verläuft im Sattelpunkt nicht parallel zur Kathode; sie wird daher weniger weit ausspreizen und einen kleineren Fehler verursachen als die parallel zur Kathode verlaufende Bahn[15]). Auf Grund der Bahn II kann man schließen, daß bei Bild 3 keine Auflösung eintritt ($\bar{P}_{II}$ liegt außerhalb von *G*), während bei Bild 4 die Struktur aufgelöst wird.

Zur Sicherheit wurden noch die Bahnen zweier weiterer Elektronen berechnet. Das eine (III) war dasjenige, das bei gleicher Gesamtenergie wie in den vorhergehenden Fällen ohne Anfangsgeschwindigkeit von der Kathode startet. Der Startpunkt dieses Elektrons liegt im Gebiet negativen Potentials. Das andere Elektron (IV) soll unter einem Winkel von 45° von dem Kathodenpunkt mit stärkstem positivem Störpotential aus starten; es hat also an der Kathode die größte überhaupt auftretende Geschwindigkeit. Auch diese beiden Bahnen zeigen nur, daß die Struktur aufgelöst werden kann. Aus der Art, wie die Punkte $\bar{P}$ vollkommen durcheinander liegen, kann man sehen, daß aus der Tatsache der Auflösung einer Struktur noch lange nicht folgt, daß man auch ein treues Abbild erhält. Jedenfalls läßt sich aber zusammenfassend sagen, daß man bei dem Streifensystem mit der gegebenen Absolutgröße des Störfeldes zumindest keine Verschlechterung des Auflösungsvermögens gegenüber dem Fall ohne Potentialstörung zu erwarten braucht.

Um zu entscheiden, wie weit das bisher erhaltene günstige Resultat durch die spezielle Form des Störfeldes bedingt ist, wurde noch eine weitere Störung numerisch durchgerechnet, und zwar ein einzelner Fleck positiven Potentials. Als Potential wurde

$$\varphi = U_0\, a^2 \frac{z+a}{\sqrt{(z+a)^2+\varrho^2}^{\,3}}$$

eingesetzt, das von einem bei $z=-a$, $\varrho=0$ sitzenden Dipol erzeugt wird. Dabei ist $\varrho^2=x^2+y^2$. Auf der Kathode $z=0$ lautet das Potential

$$\varphi = U_0 \frac{a^3}{\sqrt{a^2+\varrho^2}^{\,3}}\,.$$

Bei $\varrho=0$ hat das Potential seinen größten positiven Wert U_o. Nach außen sinkt es glockenförmig ab. Bei $\varrho=2a$ beträgt der Potentialwert nur noch etwa 9% des Maximalwertes. Dieses Potential ist deshalb ungünstiger als das Streifenpotential, weil das Störfeld wie z^{-3} abklingt, während das Streifenfeld exponentiell abnimmt. Außerdem wurde auch der Maximalwert U_o der Störung sehr groß gewählt. Bei einer mittleren Anfangsenergie $e\varepsilon=0{,}1$ eV wurde $U_o=2$ V gesetzt. Ferner wurde $a=\frac{\varepsilon}{E}$ gesetzt, so daß der Radius des Zerstreuungskreises ohne Störung den Wert 2a hat.

In diesem Feld wurde nur das im Sattelpunkt parallel zur Kathode startende Elektron verfolgt. Die Rechnung zeigt, daß man auf Grund dieser Bahn eine merkliche Verschlechterung des Auflösungsvermögens zu erwarten hat. Der Radius des Zerstreuungskreises ist 6a gegenüber 2a ohne Störung. Allerdings hat man bei der Beurteilung dieses Wertes die ungünstigen Voraussetzungen zu beachten (auch die Wahl der berechneten Bahn dürfte sehr ungünstig sein). Zusammenfassend läßt sich sagen, daß man bei einigermaßen günstigen Voraussetzungen nicht auf Verschlechterung des Auflösungsvermögens durch die Potential-

[14]) Der Faktor 8 gegenüber dem Faktor 4 in Gl. (5) kommt dadurch zustande, daß der Durchmesser des Zerstreuungskreises gleich der Breite des dunklen Streifens sein soll, also den Wert $\frac{d}{2}$ haben muß.

[15]) Ein von der Kathode ausgehendes Elektron wird also nicht in die Bahn II kommen. Die Bahn ist daher nur eine Rechengröße.

inhomogenitäten der abzubildenden Kathode zu schließen braucht, daß aber in ungünstigen Fällen eine wesentliche Störung eintreten kann.

Es bleibt übrig, als Ergänzung die bereits in der Einleitung angekündigte Behandlung einer solchen Störung durchzuführen, deren räumliche Ausdehnung groß gegen die erkennbaren Einzelheiten ist. Dies soll an dem Beispiel des Streifenpotentials (6) geschehen, bei dem nur stetige Potentialänderungen auf der Kathode auftreten. Bei den bisher behandelten Beispielen lagen R und S^2 zwischen 1 und 10. Wird d sehr viel größer, so werden nach (7‴) R und S^2 sehr klein, beispielsweise 10^{-3}. Dann zeigt (8″) hinsichtlich der ζ-Komponente der Bewegung sofort, daß die Feldstörung (das mit R behaftete Glied) gegenüber dem störungsfreien Feld nur eine kleine Korrektion bedeutet. Hinsichtlich der ξ-Komponente sieht man das Entsprechende, wenn man (8′) integriert. Dann ergibt sich

$$\dot{\xi} = \dot{\xi}_a + \int_0^{\tau} R \cos \xi \, e^{-\zeta} \, d\tau \, .$$

Die Geschwindigkeitskomponente $\dot{\xi}_a$ ist proportional zu S, d. h. umgekehrt proportional zu $\sqrt{d}$, während R umgekehrt proportional zu d ist. Da bei $\tau_0 = 3$ entsprechend $\zeta \approx 9$ der Integrand des zweiten Gliedes bereits vollkommen abgeklungen ist, ist dieses Glied sicherlich kleiner als $R\tau_0$, bedeutet also im allgemeinen nur eine kleine Korrektion gegen $\dot{\xi}_a$. Damit ist an diesem Beispiel gezeigt, daß räumlich sehr große Feldstörungen, die durch Kontaktpotentiale verursacht sind, normalerweise nur untergeordneten Einfluß haben.

Die Störungen durch Kathodenrauhigkeiten kann man an Hand der Rechnungen über Kontaktpotentiale untersuchen. Man suche z. B. in dem Streifenpotential (6) eine geeignet gewellte Äquipotentialfläche aus und betrachte sie als Kathode. Ein und dasselbe Störpotential kann also sowohl durch ein Kontaktpotential als auch durch eine Kathodenrauhigkeit erzeugt sein. Die für den einen Fall erhaltenen Ergebnisse lassen sich auf den anderen übertragen, zum mindesten wenn die Störung ungefähr von der Größe des Punkttrennungsvermögens ist. Dagegen lassen sich die oben für räumlich sehr große Kontaktpotentialstörungen abgeleiteten Ergebnisse nicht übertragen, weil der dabei ausgeführte Grenzübergang bedeutet, daß die Äquipotentialflächen vor der Kathode nur sehr wenig gewellt sind. Bei der Übertragung würde man also eine fast ebene Kathode betrachten. Eine grob gewellte Kathode entspricht einem sehr großen Kontaktpotential, bedingt also auf jeden Fall ein großes Störfeld. Ist die Kathodenrauhigkeit von derselben Größenordnung wie das ungestörte Punkttrennungsvermögen, so wird das von einem Kathodenpunkt ausgehende Elektronenbündel in sich deformiert, so wie es oben für die Kontaktpotentialstörungen gezeigt wurde. Bei einer großen Rauhigkeit ist diese Erscheinung weniger wichtig, dafür wird das Bündel als ganzes verbogen. Die einzelnen Rauhigkeiten wirken, wie es ja bekannt ist, als Zusatzlinsen. Es werden daher Unschärfebereiche von der Größe der Kathodenrauhigkeit auftreten; wenn ein Kathodenbereich scharf ist, wird der andere unscharf. Daher ist die Benutzung einer möglichst ebenen Kathode anzustreben.

Zusammenfassung.

Die Bildfehler eines Selbststrahlungsmikroskopes können näherungsweise berechnet werden, indem man das abbildende Feld durch ein an die Kathode anschließendes homogenes Feld und eine hinter diesem Feld sitzende Linse ersetzt, die die „zurückverlegte“ Kathode fehlerfrei abbildet. An Hand dieses Schemas wird der Einfluß zufälliger Störfelder untersucht, die durch Kontaktpotentiale auf der Kathode oder durch Kathodenrauhigkeiten entstehen. Ist die räumliche Ausdehnung der Potentialstörung ungefähr von derselben Größe wie das ohne Störung vorhandene Auflösungsvermögen (Punkttrennungsvermögen), so kann je nach der Art der Störung sowohl eine Verbesserung als auch eine Verschlechterung des Auflösungsvermögens auftreten. Ist die räumliche Ausdehnung der Störung groß gegen die kleinsten noch erkennbaren Feinheiten, so ist der Einfluß der Potentialstörung bei Kontaktpotentialen im allgemeinen nur unwesentlich. Dagegen sind grobe Kathodenrauhigkeiten zu vermeiden.

Untersuchungen über die Sekundärelektronenemission aus dem Forschungs-Institut der AEG.

Von R. Kollath.

Die Elektronenemissions - Erscheinungen sind, ihrer technischen Bedeutung entsprechend, schon seit Jahren im Forschungs-Institut der AEG eingehend untersucht worden. Dies gilt insbesondere von der Glühemission[1]) und der Photoemission[2]). Im Jahre 1936 wurde auch die Sekundärelektronen-Emission (*SE*) in das Untersuchungsprogramm aufgenommen, wobei dem steigenden Interesse an dieser Emissionserscheinung, das in zahlreichen Veröffentlichungen, besonders auch industrieller Institute, zum Ausdruck kommt, durch die Gründung einer besonderen Arbeitsgruppe Rechnung getragen wurde. Im vorliegenden soll über das Ergebnis der Arbeiten dieser Sekundäremissions-Gruppe zusammenfassend berichtet werden.

Die Zielsetzung war bei diesen Arbeiten von vornherein doppelter Art: Einerseits sollte eine *SE*-Schicht gesucht werden, die auch in Röhren mit Glühkathoden nicht ihre guten Eigenschaften verliert, d. h. eine Schicht mit größerer Stabilität gegenüber Wärme und Sauerstoff als die verhältnismäßig empfindlichen, bisher praktisch allein für die *SE*-Verstärkung verwendeten Alkali-Photoschichten. Neben dieser technischen Zielsetzung sollte ganz allgemein wissenschaftlich an der Aufklärung des Mechanismus der Sekundärelektronen - Emission mitgearbeitet werden. Der zweifachen Zielsetzung entsprechend begannen sich bald zwei Arbeitsrichtungen auszubilden, wie sich im Verlauf dieses Berichtes zeigen wird.

Die Bearbeitung der *SE*-Erscheinung wurde mit einem gründlichen Studium aller bisher auf diesem Gebiet vorhandenen Originalarbeiten begonnen. Aus dieser Literaturdurchsicht heraus entstand ein zusammenfassender Bericht in der Physikalischen Zeitschrift[3]). Wenn dieser Bericht jetzt — vier Jahre nach seiner Entstehung — bei der schnellen Entwicklung auf diesem Gebiet auch schon in mancher Hinsicht ergänzungsbedürftig ist, so dient er trotzdem auch heute noch vielen Fachgenossen als Grundlage für das Einarbeiten auf diesem Gebiet und als Nachschlagewerk, wie die rege Nachfrage von allen Seiten gezeigt hat.

Die *SE*-Eigenschaften einer Schicht, z. B. eines Metallblechs, sind in erster Linie gekennzeichnet durch den Begriff der „Ausbeute", wenn man die Frage der technischen Verwendbarkeit einer solchen Schicht prüft. Die „Ausbeute" gibt an, wie viele Sekundärelektronen S im Durchschnitt von einem Primärelektron P bestimmter Energie aus der Schicht herausgeschlagen werden; sie ist also gegeben durch die Größe des Quotienten S/P. Zum besseren Verständnis des folgenden soll hier zunächst der Vorgang einer Ausbeute-Messung in seinen Grundzügen erläutert werden[4]). Alle Anordnungen, die besonders zum Zweck der Messung der Sekundärelektronen-Ausbeute von Metallen verwendet worden sind, kommen in ihrem Prinzip auf

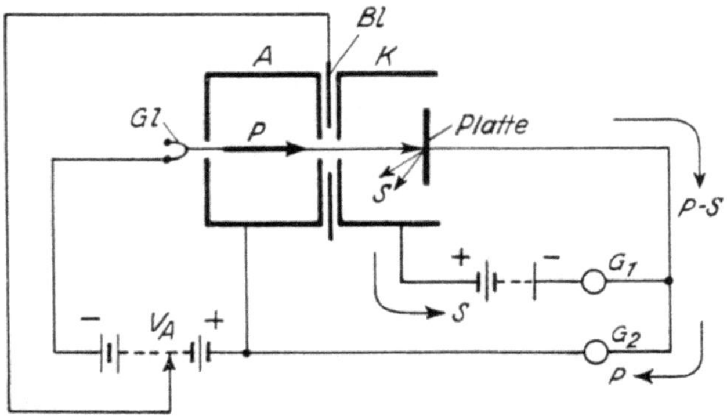

Bild 1. Anordnung zur Messung der Sekundärelektronen-Ausbeute.

die gleiche, in Bild 1 schematisch dargestellte Anordnung und Schaltung hinaus. Die Primärelektronen (P) gehen von der Glühkathode Gl aus. Durch mehrere Blenden bzw. elektronen-optische Mittel wird ein P-Strahl gebildet. Nach Durchlaufen der Anode A haben alle Elektronen des Strahls die gleiche, durch die Größe der Anodenspannung V_A vorgegebene Energie, mit der sie auf die zu untersuchende *SE*-Schicht („Platte") auftreffen. Die vom Auftreffpunkt ausgehenden Sekundärelektronen werden von einer positiv gegen die Platte aufgeladenen Absaug-Elektrode K aufgefangen, die am besten die Form eines Faraday-Käfigs hat. Der Strom, der von der Platte abfließt, ist dann gleich $P—S$, der Strom, der von der Absaug-Elektrode abfließt, gleich S. Mißt man also einerseits den Strom von der Absaug-Elektrode (Strommesser G_1) und anderseits den Strom, der von der Platte und von der Absaug-Elektrode zusammen abfließt (Strommesser G_2), so ergibt

[1]) Vgl. Jahrb. d. AEG-Forschung, **V** (1937), 53 ff.

[2]) Vgl. W. Kluge, z. B. Jahrb. d. Forsch.-Inst. d. AEG **II** (1930), 321 und **III** (1932), 193.

[3]) R. Kollath, Sekundärelektronenemission fester Körper, Phys. Z. **38** (1937), 202.

[4]) Die vorliegende Darstellung der Ausbeute-Messung ist einem zusammenfassenden Bericht des Verf. in der Zeitschrift ATM über „Die Methoden zur Messung der *SE*-Ausbeute" entnommen (V 63—1, 1941).

der Quotient beider Ströme die Ausbeute S/P. Dieser Ausbeutewert gilt zunächst nur für eine bestimmte, durch die Anodenspannung V_A vorgegebene Auftreffenergie der Primärelektronen. Gibt man nun der Anodenspannung nacheinander verschiedene Werte, üblicherweise zwischen 100 und einigen

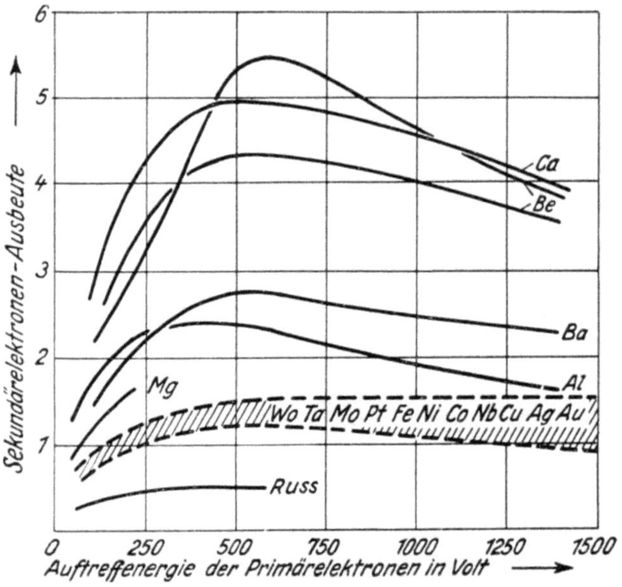

Bild 2. Ausbeutekurven für verschiedene Metalle.

1000 V, so erhält man die Ausbeutewerte nacheinander als Funktion der verschiedenen Auftreffenergien der Primärelektronen, die sog. „Ausbeutekurve“ (Bild 2). Diese ist für viele Metalle gemessen, sie hat im allgemeinen ein Maximum, das bei einigen hundert V liegt, wobei die Lage und Höhe des Maximums vom Material der Platte abhängen.

Die Zusammenstellung der Ausbeutekurven verschiedener Metalle in dem oben erwähnten zusammenfassenden Bericht ergab eine durch große Ausbeutewerte gekennzeichnete Sonderstellung der Metalle Kalzium und Beryllium (Bild 2). Da das Beryllium wegen seines viel höheren Schmelzpunktes eine größere Wärmestabilität erwarten ließ als das Kalzium, wurde bei der technischen Zielsetzung (stabile *SE*-Schicht hoher Ausbeute) von einer genaueren Untersuchung der *SE* des Berylliums ausgegangen.

Schon die ersten Versuche ergaben ein überraschendes Resultat: die von Copeland[5]) für Beryllium angegebene Ausbeutekurve (Bild 3, Kurve *a*) ist nicht ohne weiteres charakteristisch für das Beryllium. Dampft man nämlich auf irgendein Unterlagemetall — z. B. Beryllium oder Nickel — eine Schicht Beryllium im Vakuum auf, so gibt diese *Be*-Aufdampfschicht nur außerordentlich wenig Sekundärelektronen ab, die Ausbeute bleibt bei allen Energien der Primärelektronen weit unter 1 (maximal 0,4···0,5, Bild 3, Kurve *b*), eine Entdeckung, die gleichzeitig und unabhängig auch bereits von Bruining und De Boer[6]) gemacht wurde. Wie eine eingehendere Untersuchung ergab, läßt sich aber die Ausbeute einer solchen *Be*-Aufdampfschicht durch geeignete Behandlung (Wärme, Sauerstoff) um den Faktor 10 auf die einer kompakten (kristallinen) *Be*-Schicht steigern, wie sie auch von Copeland untersucht wurde (Bild 3, Kurve *c*). Da diese Steigerung der Ausbeutewerte aber nicht nur durch Oxydation, sondern auch unter sehr guten Vakuum-Bedingungen bei geeigneter Wärmebehandlung eintritt[7]), ist zu schließen, daß neben der Oxydierung irgendwelche strukturellen Veränderungen (im weitesten Sinne) an der bei der Wärmebehandlung auftretenden Ausbeutesteigerung maßgebend beteiligt sein müssen. Mit dieser Erkenntnis öffnete sich der weiteren Forschung das große Gebiet der Legierungen, das dann auch sogleich in Bearbeitung genommen wurde. Dies führte in logischer Entwicklung zur Auffindung der wissenschaftlich wie technisch in gleicher Weise interessierenden *SE*-Eigenschaften der ***Be*-Legierungen**, wenn sich nachträglich auch gezeigt hat, daß die einfachen Grundgedanken, die die Untersuchung der Legierungen angeregt haben, zur Erklärung der auftretenden Erscheinungen nicht auszureichen scheinen[8]).

Bei der Untersuchung der *SE* von Legierungen[9]) war zunächst die grundsätzliche Frage zu klären: Ist die *SE*-Ausbeute einer Legierung (aus zwei Komponenten verschiedener *SE*-Ausbeute) einfach

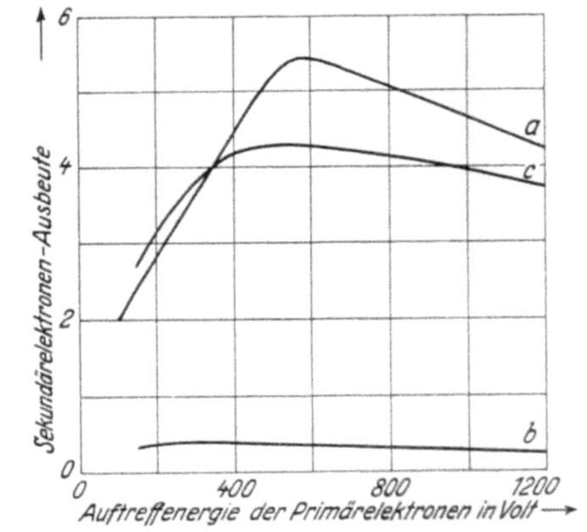

a = Nach Copeland (l. c.),
b = Be aufgedampft,
c = Aufdampfschicht geglüht.

Bild 3. Ausbeutekurven an Beryllium-Schichten.

gegeben durch ein additives Gesetz oder nicht? Gilt also für die *SE*-Ausbeute von verschiedenprozen-

[5]) P. L. Copeland, Phys. Rev. **46** (1934), 167.

[6]) H. Bruining u. J. H. de Boer, Physica, Haag **4** (1937), 473.

[7]) R. Kollath, Ann. Phys., Lpz. **33** (1938), 285.

[8]) Vgl. die inzwischen erschienenen Arbeiten von Z. Bay, Z. Phys. **117** (1941), 227, sowie das Italien. Patent Nr 372 631.

[9]) Diese Untersuchungen wurden von Herrn Dr. Gille und von Fräulein Dr. Matthes durchgeführt, vgl. Z. techn. Phys. **22** (1941), 228 u. 232.

tigen Legierungen aus den beiden Stoffen *A* und *B* in Bild 4 die gestrichelte Linie („additives Gesetz") oder treten Abweichungen von dieser Linie auf? Für den Versuch selbst wird man möglichst zwei Stoffe wählen, deren *SE*-Ausbeute merklich verschieden ist. Nach dem vorhergehenden lag es nahe, als Komponente mit hoher *SE* das *Be* zu nehmen (Komponente *B* in Bild 4), als zweite Komponente wurden *Ni* und *Cu* gewählt, da *NiBe*- und *CuBe*-Legierungen wegen der bei ihnen auftretenden Ausscheidungshärtung außer der Beantwortung der eben gestellten Frage noch weitere wichtige Gesichtspunkte für die Untersuchung liefern. Untersucht wurde *NiBe* mit einem *Be*-Gehalt von 0,5···2,5%, höherprozentige Legierungen sind bereits außerordentlich spröde. (Die Untersuchung beschränkt sich also auf den ganz links liegenden Teil des Bildes 4.)

Zuerst ergaben sich an dem weichen, unbehandelten Material Ausbeutewerte, die sich der gestrichelten Kurve anpassen; aber bereits nach kurzem Glühen des Materials begannen die Ausbeutewerte zu steigen und nach längerem Glühen sogar diejenigen des reinen *Be* zu übersteigen. Kombinierte Wärme- und Sauerstoffbehandlung führte schließlich zu maximalen Ausbeutewerten von 10···12 *S/P*, womit die an Alkaliphotoschichten erhaltenen *SE*-Ausbeuten[10]) erreicht sind (Bild 5).

Die weiteren Untersuchungen galten nun zunächst der rein technischen Frage, ob diese Schicht sich auch in Röhren mit Oxydkathoden verwenden läßt — ohne Beeinträchtigung ihrer Eigenschaften durch die Sauerstoffabgabe der Oxydkathode und durch die Erwärmung infolge der in diesen Röhren üblichen höheren Stromdichten[11]). In diesem Zusammenhang war es von besonderer Wichtigkeit, festzustellen, ob diese Schicht in derjenigen Röhre hergestellt werden muß, in der sie auch verwendet werden soll, oder ob man Schichten dieser Art in

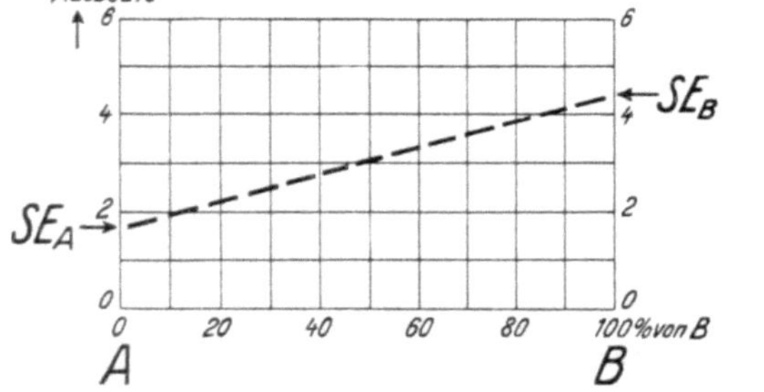

Bild 4. „Additives Gesetz" für die Sekundärelektronen-Ausbeute verschiedenprozentiger Legierungen aus den beiden Komponenten A und B.

einem besonderen Gefäß fertigstellen und dann erst nachträglich in die Röhre einbringen darf usw. Die bisherigen Resultate waren folgende: Bei Anwesenheit gut durchformierter Oxydkathoden ändern sich die *SE*-Eigenschaften der Schicht praktisch nicht[12]). Es macht aber bisher noch Schwierigkeiten, die hohe Ausbeute dieser Schichten bei ihrem Verpflanzen aus der Herstellungsapparatur in die Gebrauchsröhre aufrecht zu erhalten. Dies hängt

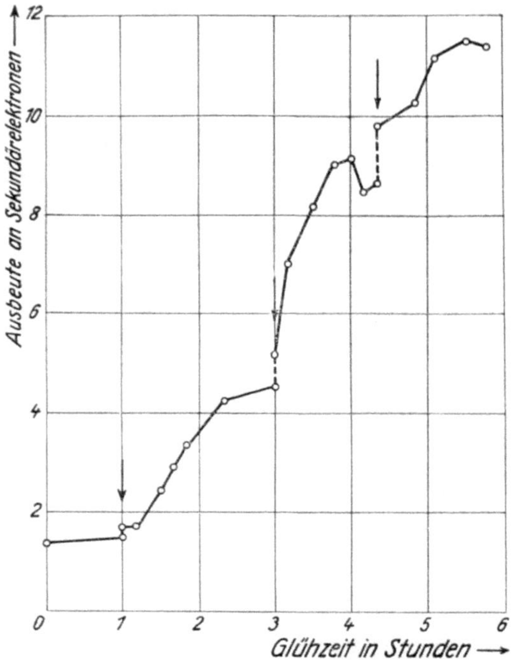

Bild 5. Ausbeutekurven an einer Ni-Be-Schicht nach verschiedener Dauer der Glühbehandlung.

wahrscheinlich mit den beim Zusammenblasen in den Röhren entstehenden Gasen und Dämpfen zusammen, denn ein Einlassen von Luft in die Herstellungsapparatur — auch einige Stunden Stehenlassen bei Atmosphärendruck — übt keinen merklichen Einfluß auf die Höhe der Ausbeute aus. Sehr wichtig scheint nach weiteren Messungen die richtige Dosis des zugeführten Sauerstoffs zu sein, zu starke Oxydierung läßt jedenfalls die Ausbeute wieder abnehmen. Trotz aller noch bestehenden Schwierigkeiten kann man wohl zusammenfassend sagen, daß die bisherigen recht günstigen Ergebnisse zu der Hoffnung berechtigen, daß man solche Legierungsschichten später auch in gewöhnlichen Verstärkerröhren mit Oxydkathode wird verwenden können.

Bei sehr kräftiger Oxydierung (sichtbarem Anlaufen) der *Ni-Be*-Schichten tritt nach dem bereits oben erwähnten Rückgang der Sekundäremissions-Ausbeute plötzlich eine ganz andere, neue Erscheinung auf: Die sog. „Sekundäre Feldemission", auch als „Malter-Effekt" bezeichnet. Diese Emissionserscheinung war bereits früher — im Anschluß an eine Veröffentlichung von Malter[13]) — im Rahmen der *SE*-Arbeiten bei uns von

[10]) Vgl. z. B. G. Weiß, Fernsehen und Tonfilm 1936, 41.
[11]) Die Untersuchungen wurden von den Herren Dr. Meyer und Dr. Raudenbusch durchgeführt. Vgl. auch Z. techn. Phys. **22** (1941), 237.
[12]) Vgl. Gille sowie Matthes a. a. O.
[13]) L. Malter, Phys. Rev. **50** (1936), 48.

H. Mahl[14]) nach verschiedenen Richtungen hin untersucht worden, da sie mit der *SE* in engem Zusammenhang steht. Die dabei erhaltenen Ergebnisse, die einen wichtigen Beitrag zur Aufklärung dieser Erscheinung lieferten, sollen hier kurz eingefügt werden. Bringt man auf eine Aluminium-Oxydschicht auf Aluminium-Unterlage eine Cäsiumoxyd-Schicht auf und bestrahlt man diese Schicht mit Elektronen, so tritt aus der Schicht ein Elektronenstrom aus, der bei hohen Absaugfeldern bis zum 1000-fachen des auftreffenden Elektronenstroms betragen kann. Wie Malter bald erkannte, sind diese austretenden Elektronen aber keine eigentlichen Sekundärelektronen, da ihre Zahl von der Absaugspannung abhängt und der Elektronenstrom nach Abschaltung des Primärelektronenstroms nicht sofort verschwindet, sondern langsam abklingt (Trägheit).

Nach Malters Erklärungen sollte sich beim Einsetzen der Primärelektronen-Bestrahlung zunächst durch die ausgelösten Sekundärelektronen die Cs_2O-Oberfläche positiv aufladen (*SE*-Ausbeute > 1), wobei ein schneller Ausgleich der Ladung zur Aluminium-Unterlage hin durch die Isolationseigenschaften der Aluminiumoxyd-Schicht verhindert wird. Ist die positive Oberflächenaufladung groß genug geworden, so soll das an der dünnen, isolierenden *Al*-Oxydschicht entstehende Feld ausreichen, um durch reine Feldwirkung Elektronen aus der *Al*-Unterlage herauszureißen. Diese sollen durch die positive Oberflächenschicht hindurchschießen und damit aus der Schicht heraus ins Vakuum austreten.

Es gelang Mahl zunächst, die hypothetische Oberflächenaufladung als tatsächlich vorhanden in einem direkten Versuch nachzuweisen und ihre Größe zu messen (10···50 V). Eine Überschlagsrechnung lieferte unter Berücksichtigung der Dicke der isolierenden *Al*-Oxydzwischenschicht vernünftige Werte für die Feldstärken, bei denen die Feldemission einsetzt. Daß es sich tatsächlich — wenigstens z. T. — um Elektronen aus der *Al*-Unterlage handelt, wurde unabhängig davon auch durch die Messung der Energieverteilung der aus der Schicht austretenden Elektronen nachgewiesen, die derjenigen der Feldelektronen aus Wolfram ähnlich ist[15]). Die Energie der schnellsten dieser Feldelektronen entspricht nämlich tatsächlich dem Potential der *Al*-Unterlage, so daß die schnellsten Feldelektronen aus der *Al*-Unterlage selbst stammen und, ohne Geschwindigkeitsverluste in der Zwischenschicht zu erleiden, ins Vakuum ausgetreten sein müssen. Durch diese und einige weitere Versuche waren die Grundlagen der Malterschen Deutung für diese Feldemissions-Erscheinung experimentell gesichert. Im Anschluß daran wurden noch einige Folgerungen geprüft, die sich aus dieser Erklärung der Erscheinung zwangsläufig ergeben: Die sekundäre Feldemission dürfte nicht auf *Al*-*Al*-Oxyd-*Cs*-Schichten beschränkt sein, sondern müßte immer auftreten, wenn eine gut sekundäremittierende Schicht durch eine dünne isolierende Zwischenschicht von einer Metallunterlage getrennt ist; ja, es müßte sogar ausreichen, daß die isolierende Zwischenschicht selbst gut Sekundärelektronen emittiert, wodurch eine besondere sekundäremittierende Oberflächenschicht überflüssig wird. Diese Folgerung konnte tatsächlich an Nickel-Kathoden bestätigt werden, die mit einer dünnen Zaponlack-Schicht überzogen wurden. Schließlich wurde die sekundäre Feldemission auch durch direkte Spannungsanlegung an eine isolierende *Al*-Oxyd-Zwischenschicht hervorgerufen: In Bild 6a ist schematisch die Versuchsanordnung gezeigt, mit der die Messung durchgeführt wurde: Über einem Teil der mit *Al*-Oxyd bedeckten *Al*-Platte ist eine dünne Lackschicht aufgebracht; nun wurde eine dünne Silberschicht in der Weise aufgedampft, daß sie mit ihrem Ende gerade noch auf die freie *Al*-Oxyd-Schicht hinaufreicht. Legt man nun an die Silber-Schicht (mechanisch geschützt durch die dickere Lackschicht) einen Kontakt mit genügend hoher positiver Spannung, so treten an der Stelle, an der die *Ag*-Schicht unmittelbar auf der *Al*-Oxyd-Schicht aufliegt, Feldelektronen aus. Die elektronenoptische Abbildung dieser Feldemissions-Erscheinung ist in Bild 6b wiedergegeben: Die hellen Punkte sind die Elektronenemissionsstellen entlang dem Rande der Lackschicht.

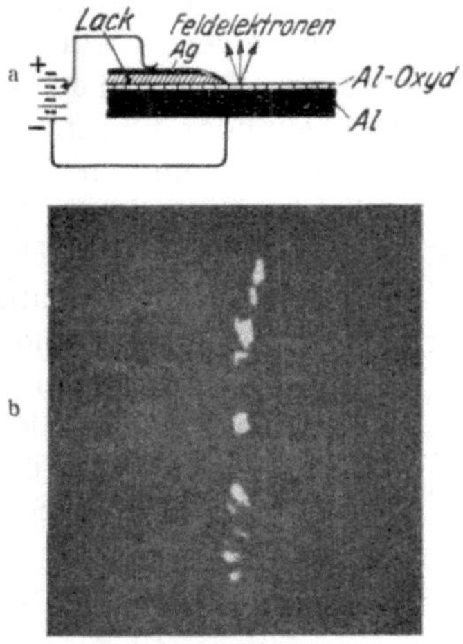

a = Versuchsanordnung,
b = Elektronenbild der Feldemission aus einer Schichtkathode nach Art des Bildes 6a.

Bild 6. Hervorrufung einer „sekundären Feldemission" durch direkte Spannungsanlegung. (Nach Mahl.)

Bei allen diesen Untersuchungen treten unter Umständen ziemlich rasche Änderungen der *SE*-Ausbeute auf, so daß es wünschenswert erschien, eine Untersuchungsmethode zu besitzen, die eine dauernde Beobachtung der gesamten Ausbeutekurve gestattet. Eine solche Methode hat H. Mahl unter Benutzung des Elektronenstrahl-Oszillographen ausgearbeitet und zur Untersuchung der *SE* von Alkali-Aufdampfschichten bei Erwärmung und Oxydierung verwendet[16]). Mit Hilfe des Projektions-Oszillographen lassen sich schnell veränderliche *SE*-Vorgänge auch als Demonstrations-

[14]) H. Mahl, Z. techn. Phys. **18** (1937), 559 und **19** (1938), 313.
[15]) Vgl. E. W. Müller, Z. Phys. **102** (1936), 734.
[16]) H. Mahl, Jahrb. d. AEG-Forschung **VI** (1939), 33.

versuche einem größeren Zuhörerkreise zugänglich machen[17]). Der grundsätzliche Aufbau (Bild 7) ist bei Vergleich mit Bild 1 leicht verständlich: Der Sekundärelektronenstrom vom Käfig K wird hier über einen Hochohmwiderstand R zur Erde abgeleitet und der an den Enden des Hochohmwiderstandes entstehende Spannungsabfall auf die Meßplatten eines Elektronenstrahl-Oszillographen O gegeben. Will man den Primär-Elektronenstrom mit dem Sekundär-Elektronenstrom vergleichen, so wird auch der Strom von der Platte über den Hochohmwiderstand abgeleitet (gestrichelte Schaltung). Die Auftreffenergie der Primär-Elektronen wird mit Hilfe eines Transformators und der Anodenvorspannung V_a zwischen 0 und 1500 V variiert und gleichzeitig ein Teil davon auf die Ablenkplatten des Elektronenstrahl-Oszillographen gegeben. In Bild 8a und b ist ein Beispiel für auf diesem Wege erhaltene Oszillogramme des Sekundär- und des Primär-

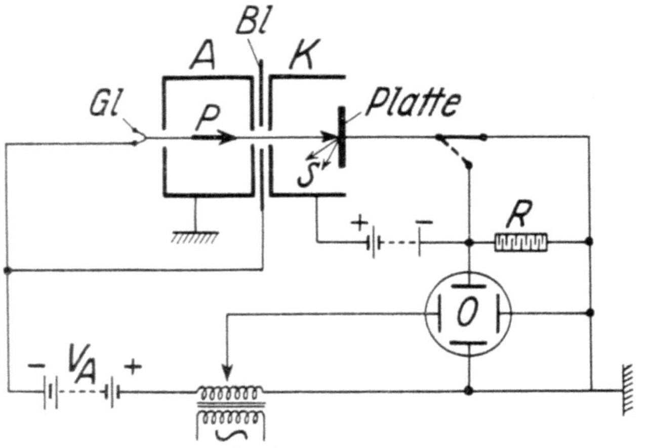

Bild 7. Anordnung zur Messung der Sekundärelektronen-Ausbeute mit dem Elektronenstrahl-Oszillographen (schematisch).

elektronenstroms für eine Ni-Schicht wiedergegeben. Der Sekundärelektronenstrom überschreitet ein Maximum bei einigen hundert Volt. (Man beachte die Abszissen-Skala!) Die maximale Ausbeute beträgt, wie der Vergleich mit der Größe des Primärelektronenstroms in Bild 8b ergibt, etwa 1,34, sie liegt also innerhalb des in Bild 2 angegebenen gestrichelten Bereichs.

Im folgenden zweiten Teil dieses Berichtes sollen diejenigen Arbeiten der Emissionsgruppe besprochen werden, die sich mit dem Mechanismus der Sekundäremission beschäftigen. Bei der Emission von Sekundärelektronen muß man zwei verschiedene Vorgänge unterscheiden: 1. die Entstehung des Sekundärelektrons, d. h. die Energieübertragung vom ankommenden Primärelektron auf ein Elektron des Metallverbandes, 2. den Durchgang dieses Sekundärelektrons durch das Metall bis zur Oberfläche und den Austritt aus der Metalloberfläche. Die Schwierigkeit für die Untersuchung der beiden Vorgänge liegt darin, daß sie experimentell nicht getrennt erfaßbar sind, denn wir können zunächst nur die Zahl und die Energie der schließlich aus dem Metall herauskommenden Sekundärelektronen messen.

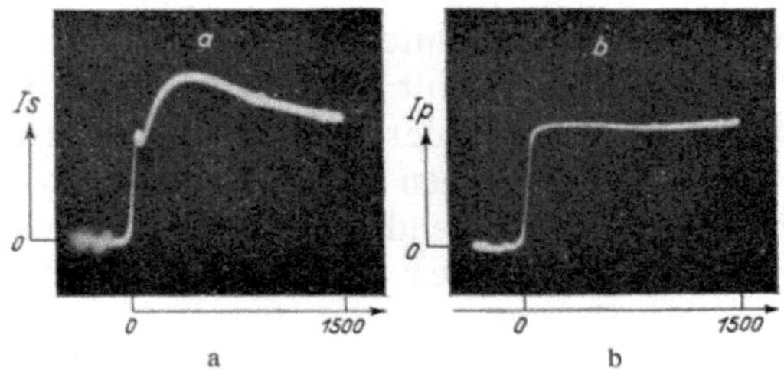

a = Sekundärelektronenströme, b = Primärelektronenströme.

Bild 8. Oszillogramme der Elektronenströme als Funkton der Auftreffenergie der Primärelektronen (Abszissenskala in Volt) für eine Nickeloberfläche.

Die Messung der Zahl der Sekundärelektronen („Ausbeute") und die dabei erhaltenen Ergebnisse („Ausbeutekurven" verschiedener Stoffe) wurden bereits am Anfang dieses Berichts genauer beschrieben (vgl. Bild 2). Diese Ausführungen sollen hier durch kurzes Eingehen auf die Energieverteilung der Sekundärelektronen und ihre Messung ergänzt werden, da in den folgenden Überlegungen die Energieverteilung der Sekundärelektronen eine wesentliche Rolle spielen wird. Wir können uns dabei auf ein spezielles Beispiel beschränken, da die Methoden zur Messung der Energieverteilung schon an anderer Stelle ausführlich beschrieben worden sind[18]). In Bild 9 sollen durch einen Primärelektronenstrahl die Sekundärelektronen an der „Platte" ausgelöst werden. Aus diesen nach allen Richtungen ausgehenden Sekundärelektronen wird durch die Blende B ein Bündel ausgesiebt, das in den „Analysatorraum" eintritt, in dem ein Magnetfeld (Stärke $\mathfrak{H}$, Kraftlinien $\perp$ zur Zeichenebene) vorhanden ist. Das Sekundärelektronenbündel, das

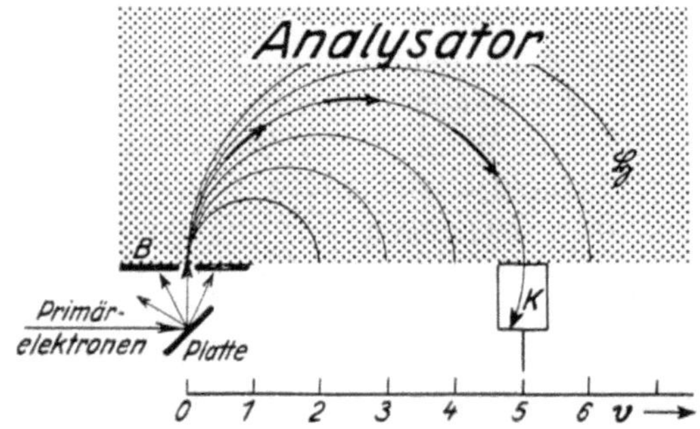

Bild 9. Anordnung zur Messung der Geschwindigkeitsverteilung von Sekundärelektronen im „transversalen" Magnetfeld.

beim Durchgang durch die Blende B Sekundärelektronen der verschiedensten Geschwindigkeiten enthält, wird in diesem „transversalen" Magnetfeld

[17]) Vgl. z. B. R. Kollath, Z. techn. Phys. **19** (1938), 602.

[18]) Vgl. z. B. R. Kollath, Die Messung der Energieverteilung und der Richtungsverteilung von Sekundärelektronen, Arch. techn. Messen (1941), V 63—2.

nach den in ihm enthaltenen Geschwindigkeiten zerlegt, und zwar zu einem Geschwindigkeitsspektrum auseinandergezogen. Dieses Geschwindigkeitsspektrum kann mit einem beweglichen Meßkäfig *K* abgetastet werden. Die Auftragung des *S*-Stroms zum Käfig *K* über der Käfigstellung (*v*-Skala) ergibt dann die gesuchte Geschwindigkeitsverteilung der Sekundärelektronen. Bei Messungen dieser Art hat sich ergeben, daß die Sekundärelektronen, unabhängig von der Energie der auslösenden Primärelektronen, Energien von der Größenordnung einiger *e*-Volt besitzen, und zwar Energien zwischen 0 und etwa 20···30 *e*-Volt mit einer häufigsten Energie von etwa 2 *e*-Volt.

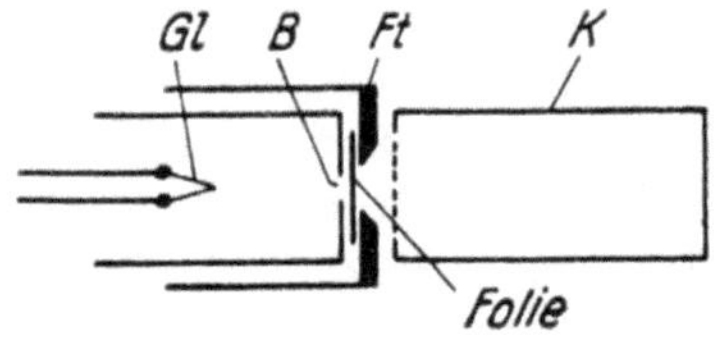

Bild 10. Anordnung für die Messung der Durchlässigkeit von Metallfolien gegenüber langsamsten Elektronen.

Nachdem wir nun die Größenordnung der Sekundärelektronen-Energien kennen, besteht grundsätzlich die Möglichkeit, direkte Versuche über das Verhalten von Elektronen solcher Energien beim Durchgang durch Metallschichten in ähnlicher Weise anzustellen, wie dies für schnelle Elektronen schon lange bekannt ist. Ein wesentlicher Unterschied besteht nur insofern, als man hier sehr dünne Metallfolien benutzen muß, da allen Erfahrungen nach die Absorption von Elektronen in Metallfolien mit abnehmender Elektronen-Geschwindigkeit außerordentlich stark zunimmt. Eingehende Messungen dieser Art wurden bereits vor einigen Jahren von A. Becker durchgeführt[19]). Im Forschungs-Institut der AEG hatte nun Katz gelegentlich einiger elektronenoptischer Versuche die Entdeckung gemacht, daß Silber-Folien unter Umständen außerordentlich große Durchlässigkeit für langsamste Elektronen zeigen können[20]). Auf Grund dieser Feststellung wurde dann die Durchlässigkeit von Silber-Folien gegenüber langsamsten Elektronen eingehend untersucht[21]). Die Versuchsanordnung (Bild 10) besteht aus einer Elektronenquelle (Glühdraht *Gl*), einer Blende *B*, einem Folienträger *Ft*, auf dem die Folie angebracht ist, und dem Meßkäfig *K*. Die Elektronen werden durch eine Spannung zwischen dem Glühdraht und dem Folienträger auf die gewünschte Geschwindigkeit gebracht; ein Teil von ihnen fällt durch die Blende *B* auf die Folie: Der vom Folienträger und vom Meßkäfig *K* zusammen abfließende Elektronenstrom mißt die Anzahl der auf die Folie auftreffenden Elektronen (Gesamtmenge), der vom Meßkäfig *K* allein abfließende Elektronenstrom mißt die Anzahl der durch die Folie hindurchgegangenen Elektronen. Wie sich bald herausstellte, ist für einwandfreies Arbeiten der Anordnung wesentlich, daß sie vor dem Versuch ausgeheizt wird.

Das wesentlichste Ergebnis dieser Untersuchungen ist die Feststellung, daß — entgegen den geltenden Anschauungen — durch eine Silberfolie von etwa 1000 *ÅE* Dicke ein verhältnismäßig großer Bruchteil der auftreffenden Elektronen u n b e e i n f l u ß t hindurchgeht, also ohne Geschwindigkeitsverluste und ohne Richtungsänderungen („freie Durchlässigkeit"), wenn ihre Energie von der Größenordnung 10 *e*-Volt ist (vgl. Bild 11). Bei höheren Energien der auftreffenden Elektronen nimmt die Zahl der frei durchgehenden Elektronen schnell ab, wofür dann eine steigende Zahl von Sekundärelektronen die Folie verläßt. Aus verschiedenen weiteren Untersuchungen ist zu schließen, daß das Maximum der freien Durchlässigkeit mit zunehmender Absolutgröße der freien Durchlässigkeit nach kleineren Elektronen-Energien rückt. Die Absolutgröße der Durchlässigkeit ist für verschiedene Folien etwa gleicher Dicke recht verschieden und auch bei einer und derselben Folie kann sie sich größenordnungsmäßig durch die Vorbehandlung, besonders durch Wärmebehandlung ändern. Diese für die endgültige Aufklärung des Sekundäremissions-Mechanismus zweifellos sehr wichtigen Arbeiten konnten leider nicht fortgesetzt werden, so daß besonders auch die sehr wünschenswerte Erweiterung auf andere Folien-Materialien unterblieben ist.

Neben diesen direkten Untersuchungen über den Durchgang von langsamen Elektronen durch Metalle sind von anderer Seite auch Versuche gemacht worden, auf mehr i n d i r e k t e m Wege Aufschlüsse über die Vorgänge beim Durchgang langsamer Elektronen durch Metalle zu erhalten. Läßt man z. B. den Primärelektronenstrahl nacheinander unter verschiedenen Winkeln auf die sekundärstrahlende Platte fallen, so wird dabei die Gesamtzahl der aus der Platte herauskommenden Sekundärelektronen um so mehr zunehmen, je schräger

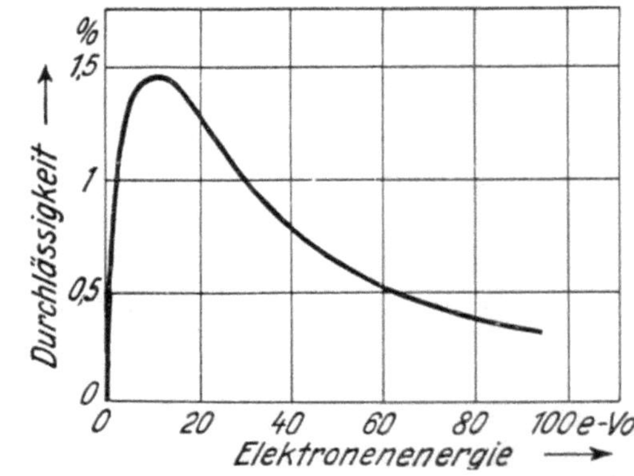

Bild 11. „Freie Durchlässigkeit" einer Silberfolie von 1000 ÅE Dicke gegenüber langsamen Elektronen.

[19]) A. Becker, Ann. Phys., Lpz. 84 (1927), 779.
[20]) H. Katz, Ann. Phys. (5) 33 (1938), 160.
[21]) H. Katz, Ann. Phys. (5) 33 (1938), 169.

der Primärstrahl auf die Platte auffällt. Dies ist qualitativ leicht an Hand des Bildes 12 einzusehen: Bei schrägem Einfall der Primärelektronen ist der absorbierende Weg w der Sekundärelektronen zur Metalloberfläche hin kürzer als der absorbierende Weg W bei senkrechtem Aufprall (Vergleich zweier Primärelektronen gleicher Energie, die also eine gleiche Strecke d ins Metall eingedrungen sind). Betrachtet man allerdings die Verhältnisse genauer, d. h. versucht man eine quantitative Wiedergabe der gemessenen Winkelabhängigkeit durch einen rechnerischen Ansatz, so zeigt sich eine eigentümliche Erscheinung: Die Winkelabhängigkeit wird am besten wiedergegeben, wenn man besonders rohe Annahmen über die Vorgänge bei der Sekundärelektronen-Auslösung und Sekundärelektronen-Absorption macht. (Entstehung aller Sekundärelektronen in einer bestimmten Tiefe, Richtung aller Sekundärelektronen senkrecht zur Metalloberfläche hin). Versucht man jedoch mit Annahmen zu rechnen, die dem tatsächlichen Vorgang eigentlich genauer entsprechen müßten (Entstehung der Sekundärelektronen längs der Bahn nach verschiedenen möglichen Gesetzen, Berücksichtigung der verschiedenen Absorptionswege zur Oberfläche hin in den verschiedenen Richtungen usw.), so wird die Übereinstimmung mit den experimentellen Daten schlechter[22]). Es scheint aber z. Z. nicht möglich, aus diesem an sich interessanten Befund irgendwie reale Aussagen über die wirklichen Vorgänge herauszuschälen.

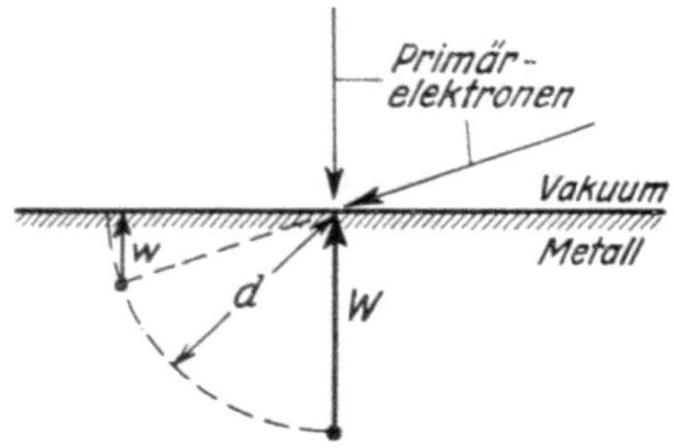

Bild 12. Absorptionswege der Sekundärelektronen bei senkrechtem und schrägem Einfall der Primärelektronen ins Metall.

Auf ganz anderem Wege hat H a s t i n g s[23]) versucht, die Absorptionsfrage experimentell zu behandeln. Er dampft auf eine sekundäremittierende Platte eine Schicht von meßbarer Dicke eines anderen Materials (mit anderer *SE*-Ausbeute) auf und beobachtet, bei welcher Schichtdicke die herauskommenden Sekundärelektronen nur noch aus der aufgedampften Schicht stammen (Unterscheidung durch die verschiedene Größe der Ausbeute von Unterlage- und Aufdampfschicht). Daß diese „Grenzdicke“ der Aufdampfschicht von der Energie der Primärelektronen abhängt, ist plausibel, da verschieden schnelle Primärelektronen verschieden tief in die Schicht eindringen werden. Diese Grenzdicken hängen aber, wie H a s t i n g s festgestellt hat, auch davon ab, welche Sekundärelektronen-Energiebereiche man betrachtet: Die Sekundärelektronen mit k l e i n e r e r Energie stammen, jedenfalls beim bisher allein untersuchten Silber, aus t i e f e r e n Schichten als die schnelleren. Danach sollten Energieverluste der Sekundärelektronen eine gewisse Rolle spielen. Vielleicht würde hier eine Weiterentwicklung der Methode von H a s t i n g s durch Betrachtung scharf definierter Sekundärelektronen-Energiebereiche[24]) weiter führen.

Der Frage der Absorption langsamer Elektronen wurde im vorliegenden absichtlich ein ziemlich breiter Raum gewidmet, weil sie für die Aufklärung des Mechanismus der *SE* außerordentliche Bedeutung hat. Denn erst, wenn es gelingt, die Absorptionserscheinungen aus den experimentell gefundenen Ausbeute- und Energieverteilungs-Kurven der Sekundärelektronen zu eliminieren, kann man zu dem wirklichen Entstehungsvorgang der Sekundärelektronen, d. h. dem Vorgang der Energieübertragung von dem Primärelektron an das Sekundärelektron im Metallinnern vordringen. Über den eigentlichen Entstehungsvorgang liegen bereits verschiedene theoretische Ansätze vor[25]). W o o l d r i d g e[26]) hat unter verhältnismäßig allgemeinen Annahmen die Ausbeutekurven verschiedener Metalle berechnet und eine bemerkenswert gute Übereinstimmung mit den experimentell gefundenen Kurven erhalten. F r o e h l i c h[27]), der sich als erster eingehend mit der Erscheinung der Sekundär-Emission theoretisch beschäftigt hat, zeigt zunächst, daß es grundsätzlich bei Betrachtung nur der freien Metallelektronen die Erscheinung der *SE* aus Impulsgründen nicht geben kann. Erst die Impulsübertragung an Gitteratome beim Stoß zwischen dem primären und dem sekundären Elektron ermöglicht den Austritt von Sekundärelektronen aus dem Metall. Froehlich untersucht dann auch, welche Energien die Sekundärelektronen haben müssen: „Die Form der Sekundärelektronen-Energie-Verteilung ist in großen Zügen durch die Lage der Energiebänder im Metall bestimmt. Bei der Berechnung der Sekundärelektronenzahl von bestimmter Energie überlagert sich der Übergangswahrscheinlichkeit der Sekundärelektronen eine Funktion mit Maxima und Minima, die sog. Eigenwertdichte, und mit dem Verlauf dieser Funktion hängt das theoretisch zu erwartende Auftreten von Maxima und Minima in den Sekundärelektronen - Energieverteilungen zusammen. Nun hatte bisher als einziger H a w o r t h[28]) solche

[22]) Nach unveröffentlichten Überlegungen von B. Mrowka u. d. Verfasser.

[23]) A. E. Hastings, Physic. Rev. 57 (1940), 695.

[24]) Also durch Kombination der Anordnung von Hastings mit einem Geschwindigkeitsanalysator (z. B. einem magnetischen).

[25]) Über die Absorptionsvorgänge läßt sich z. Z. theoretisch kaum etwas aussagen, so daß zunächst nur die Möglichkeit e x p e r i m e n t e l l e r Trennung von Entstehungsvorgang und Absorptionsvorgang übrig bleibt.

[26]) D. E. Wooldridge, Theory of secondary emission, Phys. Rev. 56 (1939), 562···578.

[27]) H. Froehlich, Elektronentheorie der Metalle, Berlin 1936 (Bd. 18 von „Struktur und Eigenschaften der Materie“), speziell 91 ff.

[28]) J. Haworth, Physic. Rev. 48 (1935), 88.

Maxima und Minima in den Energieverteilungskurven der Sekundärelektronen aus Molybdän und Columbium experimentell gefunden. Bei allen sonstigen experimentellen Untersuchungen der Sekundärelektronen-Energie-Verteilungskurven wurde als Resultat ein glatter Kurvenverlauf mit nur einem Maximum angegeben, und zwar stimmten diese Energieverteilungskurven innerhalb der (allerdings recht großen) Fehlergrenzen für alle Metalle überein. Bei dieser Sachlage schien es vom Standpunkt

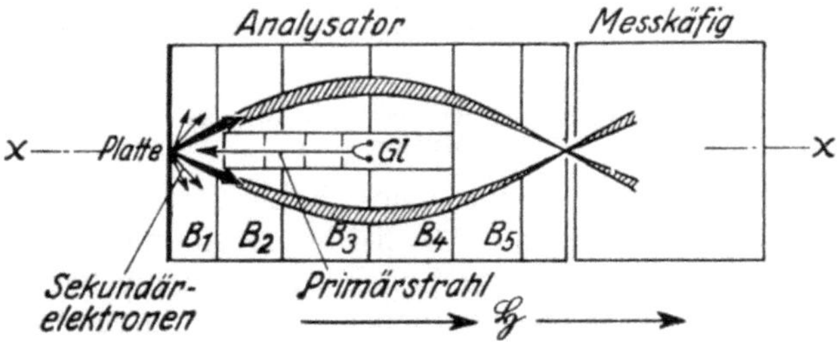

Bild 13. Messung der Energieverteilung von Sekundärelektronen nach der Methode des longitudinalen Magnetfeldes.

der Aufklärung der Elementarvorgänge bei der Sekundär-Emission sehr wünschenswert, die Frage der Energieverteilung der Sekundärelektronen nochmals gründlich experimentell anzugreifen.

Für die Durchführung solcher Energieverteilungs-Messungen waren bisher durchweg nur zwei Methoden benutzt worden: a) die Methode des elektrischen Gegenfeldes, b) die Methode des transversalen Magnetfeldes. Beide wurden im vorliegenden Fall nicht verwendet, sondern eine für diese Zwecke bisher noch nicht angewendete Methode herangezogen, nämlich die Methode des „Longitudinalen Magnetfeldes"[29]). Da sie neu ist, soll das ihr zugrundeliegende Prinzip an Hand von Bild 13 hier kurz erläutert werden: In der Achse x—x einer zylindersymmetrischen Anordnung läuft der Primärelektronen-Strahl (Glühdraht *Gl* und Blenden) von rechts nach links und löst beim Auftreffen auf die sekundärstrahlende „Platte" die Sekundärelektronen aus, die von dem Auftreffpunkt nach allen Richtungen ausgehen. Aus diesen werden durch die Blende B_1 Elektronen einer bestimmten Austrittsrichtung, hier etwa 30° gegen die Plattensenkrechte, herausgegriffen. Der entstehende, kegelzonen-förmige Sekundärelektronen-Strahl (schraffierter Bereich), in dem zunächst noch Elektronen der verschiedensten Geschwindigkeiten enthalten sind, durchläuft unter dem Einfluß eines in Achsenrichtung verlaufenden homogenen Magnetfeldes der Stärke $\mathfrak{H}$ eine im Querschnitt sin-förmige Bahn[30]) (Blenden $B_2 \cdots B_5$) und tritt schließlich in den Meßkäfig ein. Bei vorgegebener Länge des „Analysators" und vorgegebenem größtem Durchmesser des Zonenstrahls in der Mitte des Analysators ist die Geschwindigkeit der in den Meßkäfig gelangenden Sekundärelektronen proportional zur Feldstärke H des Magnetfeldes. Geben wir also diesem Magnetfeld nacheinander verschiedene Werte und tragen wir die zugehörigen Elektronen-Ströme zum Meßkäfig über diesen Magnetfeld-Werten auf, so erhalten wir eine Verteilungskurve der unter 30° von der Platte ausgehenden Sekundärelektronen[31]), aus der durch leichte Umrechnung die Geschwindigkeits- oder die Energieverteilungskurve gewonnen werden kann[32]).

Für den vorliegenden Zweck war es nun besonders wichtig, daß die Geschwindigkeitsverteilungen von Sekundärelektronen a u s v e r s c h i e d e n e n P l a t t e n m a t e r i a l i e n hintereinander gemessen und damit unmittelbar verglichen werden konnten, d. h. also, ohne daß sich dazwischen durch Lufteinlaß in die Apparatur die Versuchsbedingungen in unkontrollierbarer Weise änderten. Dies wurde durch besondere Einrichtungen erreicht, von deren genauerer Beschreibung hier abgesehen werden kann[33]). Die Apparatur, die keinerlei Fettschliffe oder gekittete Durchführungen enthielt, konnte als Ganzes im Ofen ausgeheizt werden, und ferner konnte man die verschiedenen sekundärstrahlenden Platten zwischen den Messungen beliebig bei verschiedenen Temperaturen ausglühen, was nach den Erfahrungen von H a w o r t h[28]) besonders wichtig sein mußte.

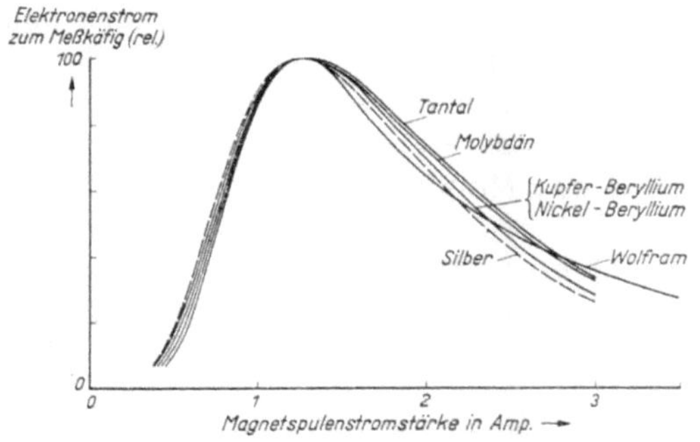

Bild 14. Zur Energieverteilung der Sekundärelektronen: Vergleich der Verteilungskurven von verschiedenen Metallen.

Es soll nun eine Übersicht über die auf diesem Wege erhaltenen Resultate gegeben werden. In Bild 14 sind zunächst die Verteilungskurven für verschiedene unbehandelte Materialien zusammengestellt: Es ergibt sich eine überraschende Übereinstimmung der Verteilungskurven für die verschiedensten Metalle und Legierungen, was die in den

[29]) Die speziellen Gründe, die zur Wahl der Methode des longitudinalen Magnetfeldes Veranlassung gaben, sind vom Verf. in der Original-Arbeit über diesen Gegenstand (Ann. d. Physik (5) **39**, 59, 1941, S. 60 ff.) im einzelnen auseinandergesetzt.

[30]) Die einzelnen Elektronen beschreiben tatsächlich unter dem Einfluß dieses Magnetfeldes Schraubenlinien, doch braucht uns für den vorliegenden Zweck wegen der Zylindersymmetrie der Anordnung diese Verschraubung nicht zu kümmern.

[31]) Nach aller bisherigen Kenntnis hängt die Geschwindigkeitsverteilung der S vom Austrittswinkel der S aus der sekundärstrahlenden Fläche nicht ab. Doch sind auch hier wohl noch genauere Messungen zur Sicherstellung dieses Befundes notwendig.

[32]) Vgl. hierzu auch R. Kollath, Ann. d. Phys. **27** (1936), 721.

[33]) Man vergleiche hierzu die Originalarbeit (Ann. d. Physik (5) **39**, 1941, 59.

meisten bisherigen Arbeiten gefundene Unabhängigkeit der Sekundärelektronen-Energieverteilung vom Material des Sekundärstrahlers zu bestätigen scheint. Diese Übereinstimmung ist aber tatsächlich zu einem großen Teil nur durch die Gasbeladung der untersuchten Schichten bedingt, wie die wei-

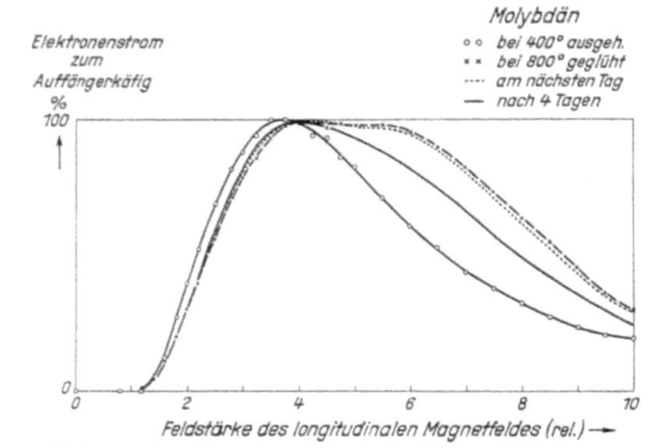

Bild 15. Zur Energieverteilung der Sekundärelektronen: Änderung der Verteilungskurve bei Glühbehandlung (Molybdän).

teren Ergebnisse zeigen werden. Unterwirft man nämlich z. B. die Molybdän-Platte einer kräftigen Glühbehandlung (15···20 min bei etwa 800° C), so nimmt die Energieverteilungs-Kurve einen gänzlich anderen Charakter an (Bild 15): Es tritt ein zweites Maximum bei hoher Magnetfeldstärke hervor, das erst im Verlauf längerer Zeit (von der Größenordnung einer Woche) wieder langsam verschwindet. Dieser Befund, der auch mit dem Ergebnis von Haworth an Molybdän übereinstimmt, zeigt, daß die wahre Energieverteilungs-Kurve der Sekundärelektronen aus Molybdän erst nach Vertreibung einer oberflächlichen (wahrscheinlich auch inneren) Gasbeladung sichtbar wird. Die entsprechende Behandlung einer Anzahl weiterer Stoffe ergab, daß das Auftreten mehrerer Maxima nicht etwa eine Besonderheit des Molybdäns ist, sondern daß es sich hierbei um eine allgemein auftretende Erscheinung handelt: Mehrere Maxima treten z. B. nach Glühbehandlung auch auf bei Silber und Wolfram, be-

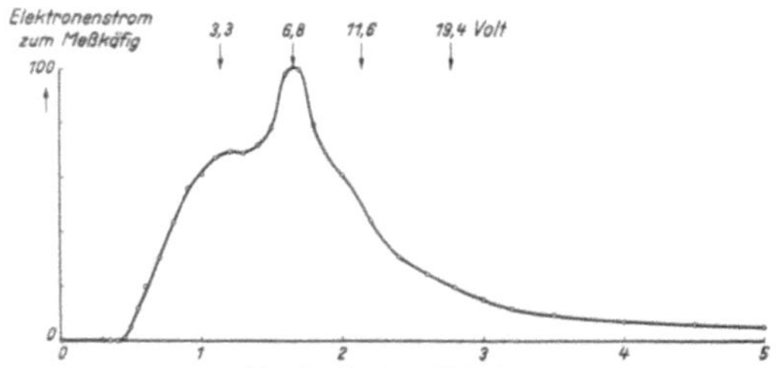

Bild 16. Zur Energieverteilung der Sekundärelektronen: Verteilungskurve für Cu-Be, unmittelbar nach Glühbehandlung.

sonders deutlich aber bei Beryllium und den Beryllium-Legierungen *CuBe* und *NiBe*. Als Beispiel sei hier eine Verteilungskurve wiedergegeben, die an *CuBe* gewonnen wurde (Bild 16): Diese zeigt neben dem ersten Maximum, das dem ungeglühten Zustand entspricht, ein zweites, sehr ausgeprägtes Maximum und Andeutungen noch weiterer Maxima bei höheren Elektronen-Energien. Die Lage dieser Maxima ist für die verschiedenen Metalle durchaus verschieden, wie nachstehende Zahlentafel 1 zeigt. Die *Be*-Legierungen zeigen praktisch dieselbe Lage der Maxima wie das Beryllium selbst.

Metall	Lage der Maxima in Volt			
Be	3	6,8	12	19
Mo	3	11	24*)	36*)
Ag	3	16—20		

*) nach Haworth a. a. O.

Zahlentafel 1. Lage der Energieverteilungsmaxima bei verschiedenen Metallen.

Es wurde ferner die Sekundärelektronen-Energieverteilung an Alkali-Photoschichten untersucht, die wegen ihrer hohen *SE*-Ausbeute besonderes Interesse beanspruchen und wichtige Vergleiche mit den Beryllium-Legierungen, also ebenfalls Schichten sehr hoher *SE*-Ausbeute, zulassen

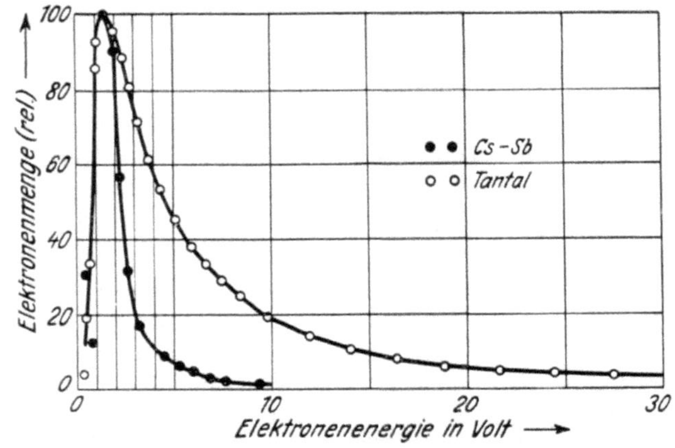

Bild 17. Energieverteilung der Sekundärelektronen aus einer Cs-Sb-Photoschicht (Energieverteilung der Sekundärelektronen aus Tantal zum Vergleich).

(Bild 17): Die Lage des Energieverteilungs-Maximums einer *Cs-Sb*-Schicht ist durchaus die gleiche wie für andere Metallschichten, aber die Breite der Energieverteilung ist viel kleiner als bei den sonst hier untersuchten Stoffen, d. h. diese Photo-Schichten geben nur Sekundärelektronen mit Energien bis zu etwa 3 V ab, während vergleichsweise Sekundärelektronen aus Tantal in gleicher Zahl bis zu Energien von 10 V auftreten.

Diese Feststellungen über die Energieverteilung der Sekundärelektronen widerlegen zunächst einmal grundsätzlich die bisher vertretene Anschauung, daß die Energieverteilung der Sekundärelektronen aus verschiedenen Materialien nicht wesentlich verschieden ist. Sie gehen über den ersten Befund von Haworth an Molybdän und Columbium hinaus und liefern eine schöne Bestätigung der Überlegungen von Froehlich, nach denen die Lage der Energiebänder im Metall in den Energieverteilungen der Sekundärelektronen zum Ausdruck kommen muß. Sie lassen erhoffen, daß vielleicht auf diesem Wege von ganz anderer Richtung her unsere Kenntnis über die Lage der Energiebänder in Metallen erweitert werden kann. Die auffällige Erscheinung, daß die Beryllium-Legierungen in dieser Beziehung weitgehend mit dem reinen Beryllium übereinstimmen, läßt den Schluß zu, daß auch in den Beryllium-Legierungen speziell der *Be*-Anteil für die hohe *SE* dieser Legierungen verantwortlich ist. Warum dies trotz der außerordentlich kleinen Menge von *Be* in diesen Legierungen möglich ist, bedarf noch der Aufklärung. Es wäre einerseits möglich, daß durch die Glühbehandlung das Beryllium an die Oberfläche wandert und dort flächenmäßig viel stärker vertreten ist, als dem Prozentsatz der Legierungszusammensetzung entspricht; anderseits könnten sich auch zahlreiche sehr kleine *Be*-Inseln (bzw. *Be*-Oxyd-Inseln) auf der Oberfläche bilden, die in kleinsten Dimensionen eine Art sekundäre Feldemission erzeugen, wie sie bei ihrem Auftreten auf größeren Flächen weiter oben in diesem Bericht ausführlich beschrieben worden ist.

Bei der Sekundäremission von Legierungen liegen offenbar schon außerordentlich komplizierte Erscheinungen vor, deren theoretische Behandlung vorerst nicht möglich sein wird. Um zu einer erfolgreichen quantitativen theoretischen Behandlung der Erscheinungen der Sekundärelektronen-Emission zu gelangen, wird man vor allem die Untersuchungen an Einkristallen neu aufnehmen müssen, über die allein klare theoretische Aussagen möglich sind, und zwar sind sowohl Ausbeute- als auch Energieverteilungs-Messungen an Einkristallen notwendig; in beiden Fällen sollte die Orientierung des Kristalls zur Untersuchungsrichtung eine wesentliche Rolle spielen.

Zusammenfassung.

Es wird zusammenfassend über die in den letzten Jahren durchgeführten Arbeiten der „Sekundäremissionsgruppe“ im Forschungs - Institut der AEG berichtet; das Ziel der Arbeiten war einerseits die Herstellung einer technisch brauchbaren Sekundäremissionsschicht (1.···4.), anderseits die Untersuchung des Mechanismus der Sekundärelektronen-Emission (5.···8.).

1. Die Untersuchung der Sekundäremission von verschiedenen Berylliumschichten ergab einen Zusammenhang zwischen der Sekundärelektronen-Ausbeute und Änderungen in der Anordnung der Atome in der Oberflächenschicht und führte so zur Untersuchung der Sekundäremission von Legierungen, speziell der Berylliumlegierungen NiBe und CuBe.
2. NiBe und CuBe zeigen beide bei geeigneter Behandlung mit Wärme und Sauerstoff Steigerungen der Ausbeute bis zu Werten, wie sie bis dahin nur für Alkaliphotoschichten bekannt waren. Das Verhalten dieser Schichten in technischen Röhren wurde eingehend untersucht.
3. Der Mechanismus der „sekundären Feldemission“ („Maltereffekt“) wurde aufgeklärt; diese Emissionserscheinung findet sich auch bei Schichten aus Be-Legierungen, wenn sie stark oxydiert werden.
4. Zur direkten visuellen Beobachtung von zeitlich rasch veränderlichen Sekundäremissionsvorgängen, z. B. Ausbeuteänderungen beim Aufdampfen eines Materials auf ein Grundmetall, wurde eine oszillographische Untersuchungsmethode ausgearbeitet und auf reine und oxydierte Alkaliaufdampfschichten angewendet.
5. Bei der Untersuchung des Mechanismus der Sekundäremissions - Erscheinung müssen zwei verschiedene Vorgänge unterschieden werden, a) der eigentliche Entstehungsvorgang (Energieübertragung vom Primärelektron auf das Metallelektron), b) der Durchgang der Sekundärelektronen durch das Metall zur Oberfläche hin (Absorption). Die Absorptionsfragen können direkt untersucht werden (6.); über die Verhältnisse bei der Energieübertragung kann die Energieverteilung der Sekundärelektronen Auskunft geben (7.···8.).
6. Die Untersuchung der Absorption langsamster Elektronen (Energien von der Größenordnung der Sekundärelektronen-Energien!) in Silberfolien ergab eine zum Teil überraschend große Durchlässigkeit dieser Folien gegenüber diesen langsamen Elektronen sowie eine starke Abhängigkeit der Durchlässigkeit von der Energie der durchgehenden Elektronen; ferner zeigte sich ein Einfluß der strukturellen Zusammensetzung der Folie auf die Größe der Durchlässigkeit.
7. Es wird eine bisher nicht benutzte Methode zur Messung der Energieverteilung von Sekundärelektronen beschrieben („Methode des longitudinalen Magnetfeldes“); bei der praktischen Durchführung wurde besonderer Wert auf die schnelle Auswechslungsmöglichkeit von sekundärstrahlenden Flächen aus verschiedenem Material gelegt:
8. Verschiedene Metalle zeigen, wenn sie nicht ausgeglüht sind, völlig übereinstimmende Energieverteilungskurven; dagegen treten deutliche Unterschiede zwischen verschiedenen Metallen auf (Maxima und Minima), wenn die Metalle vor der Messung ausgeglüht werden. Beryllium und die Legierungen NiBe und CuBe stimmen in ihren Sekundärelektronen - Energieverteilungskurven weitgehend überein, obwohl der Be-Gehalt nur von der Größenordnung 1% ist.
9. Für die Weiterarbeit auf dem Gebiet der Sekundärelektronen-Emission sind Untersuchungen an Einkristallen und zwar sowohl Ausbeute- als auch Energieverteilungs-Messungen notwendig.

Die Unterdrückung der selbsterregten Pendelungen elektrischer Wellen durch Gleichstromspeisung.

Von H. Jordan und Fr. Lax, Versuchsfeld der Fabriken Brunnenstraße.

A. Einleitung.

Die Übertragung von Drehmomenten bei gleicher Drehzahl oder gleichem Drehzahlverhältnis mit Hilfe der elektrischen Welle ist wegen der Möglichkeit des Auftretens selbsterregter Pendelungen im allgemeinen mit großen Schwierigkeiten verbunden. Diese selbsterregten Pendelungen machen sich besonders da bemerkbar, wo die me-

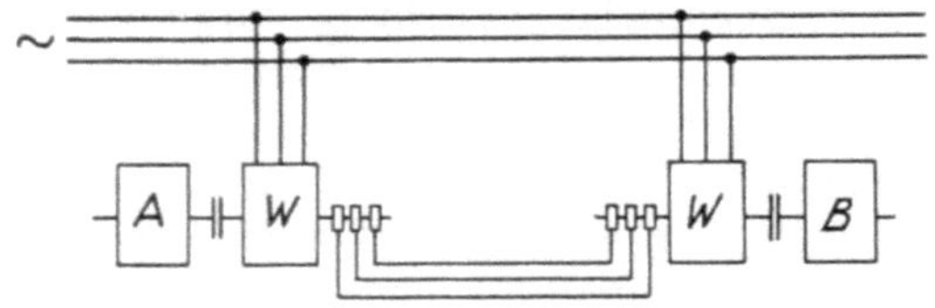

A = Antriebsmotoren, B = Belastungsmaschinen, W = Wellenmotoren.

Bild 1. Übliche Anordnung der elektr. Welle bei Drehstrombetrieb.

chanischen Dämpfungen sehr gering sind, so z. B. bei der Anwendung der elektrischen Welle im Werkzeugmaschinenbau.

Bild 1 zeigt die übliche Anordnung der elektrischen Welle bei Drehstrombetrieb, die aus zwei Schleifringankermotoren gebildet wird, deren Läufer elektrisch gekuppelt sind und deren Ständerwicklungen am Drehstromnetz liegen.

Die Bedingungen für das Auftreten selbsterregter Pendelungen wurden in einer früheren Arbeit[1]) für den Fall einer elektrischen Drehstromwelle aus zwei gleichen Wellenmotoren ausführlich untersucht. Dabei zeigte sich, daß eine positive elektrische Dämpfung der Wellenanordnung im allgemeinen dann vorhanden ist, wenn jeder Wellen-

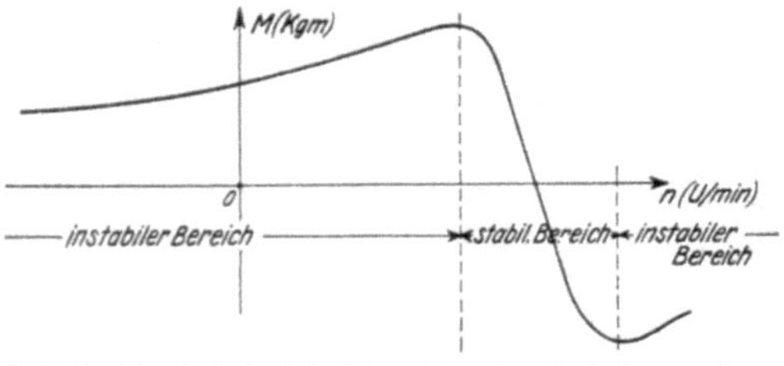

Bild 2. Pendelfreie Arbeitsbereiche der Drehstromwelle.

motor — für sich als Asynchronmotor betrachtet — eine mit steigender Drehzahl abfallende Drehmomentkennlinie aufweist (Bild 2).

Eine mit wachsender Drehzahl fallende Drehmomentkennlinie läßt sich bekanntlich stets durch Vorschalten ohmscher Läuferwiderstände erzielen, jedoch nur unter gleichzeitiger Herabsetzung des Wellenkippmoments, d. h. des höchsten im stationären Betrieb noch übertragbaren Drehmoments; denn dieses Wellenkippmoment hängt im Gegensatz zum Kippmoment des Asynchronmotors von der Größe des Widerstandes im Läuferkreis ab. Zwischen dem Kippmoment der elektrischen Welle M_{KW} und dem (asynchronen) Kippmoment eines Wellenmotors M_{KA} besteht bei Vernachlässigung der ohmschen Ständerwiderstände die Beziehung

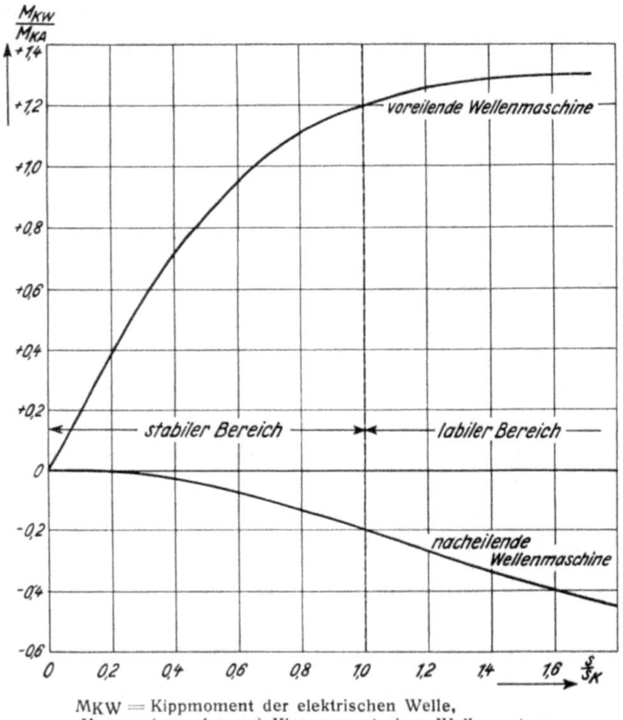

M_{KW} = Kippmoment der elektrischen Welle,
M_{KA} = (asynchrones) Kippmoment eines Wellenmotors,
s = Betriebsschlupf der elektr. Welle,
s_k = (asynchroner) Kippschlupf eines Wellenmotors.

Bild 3. Abhängigkeit des bezogenen Wellenkippmoments vom Verhältnis $\frac{s}{s_K}$.

$$\frac{M_{KW}}{M_{KA}} = \frac{\left(\frac{s}{s_k}\right)\cdot\left[1 \mp \sqrt{1+\left(\frac{s}{s_k}\right)^2}\right]}{1+\left(\frac{s}{s_k}\right)^2}, \qquad (1)$$

wobei s den Betriebsschlupf der elektrischen Welle und s_k den (asynchronen) Kippschlupf eines Wellenmotors bedeuten. Das positive Vorzeichen der Wurzel bezieht sich auf die relativ zum Drehfeld nacheilende Maschine. In Bild 3 ist dieses Kippmomentverhältnis in Abhängigkeit von $\frac{s}{s_k}$ darge-

[1]) H. Jordan, Selbsterregte Pendelungen einer elektrischen Welle, Jahrbuch der AEG-Forschung 7 (1940), 91···111.

stellt; dabei ist der Kippschlupf s_k dem ohmschen Widerstand im Läuferkreis verhältnisgleich.

Aus Bild 2 ist zu ersehen, daß der Betriebsschlupf der elektrischen Welle kleiner als der Kippschlupf s_k eines Wellenmotors sein muß, um einen pendelfreien Betrieb aufrecht zu erhalten. Für $\frac{s}{s_k} < 1$ ergeben sich aber aus Bild 3 sehr kleine Werte für das Wellenkippmoment des voreilenden Wellenmotors,

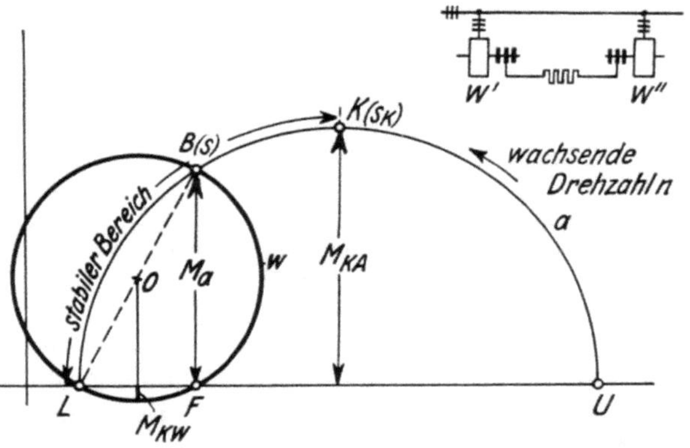

Bild 4. Primärstromdiagramm der elektrischen Drehstromwelle.

dessen Größe für die statische Stabilität der Anordnung maßgebend ist.

Alle diese Überlegungen lassen sich an Hand des Primärstromdiagrammes eines Wellenmotors und der elektrischen Welle veranschaulichen. Zur Vereinfachung soll dabei der ohmsche Ständerwiderstand vernachlässigt werden, was für größere Maschinen stets zulässig ist. In Bild 4 ist a der Heylandkreis eines Wellenmotors, der mit wachsender Drehzahl von U über K nach L durchlaufen wird.

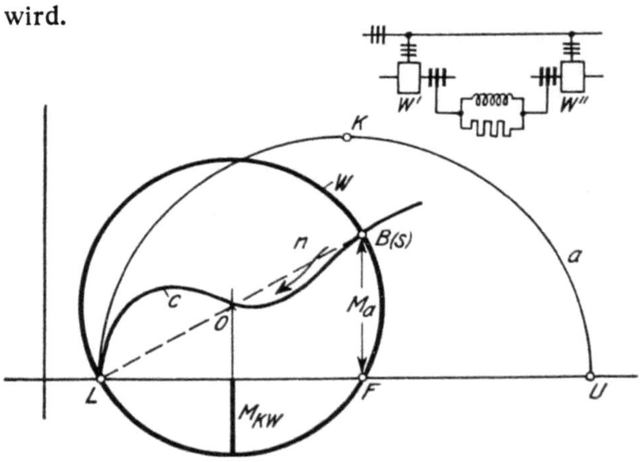

Bild 5. Primärstromdiagramm der elektrischen Drehstromwelle mit einer Widerstands-Drosselkombination im Läuferkreis.

Das zu einem beliebigen Betriebspunkt B (Schlupf s) gehörige Drehmoment M_a wird durch die Strecke BF dargestellt. Um die Bedingung eines pendelfreien Betriebes der elektrischen Welle zu erfüllen, muß man die Läuferwiderstände so wählen, daß der Betriebspunkt B eines Wellenmotors beim Betriebsschlupf der elektrischen Welle s im stabilen Bereich zwischen K und L liegt.

Das Primärstromdiagramm der elektrischen Welle w ist ein Kreis durch die Punkte L und B, dessen Mittelpunkt O die Strecke LB halbiert. Das Kippmoment des voreilenden Wellenmotors ist der Strecke M_{KW} verhältnisgleich. Man erkennt, daß man zur Erzielung wirksamer elektrischer Dämpfungen den Punkt B möglichst nahe an L bringen muß, wodurch der Kreisdurchmesser und damit das Wellenkippmoment M_{KW} sehr stark zurückgehen.

Günstigere Verhältnisse hinsichtlich des Wellenkippmoments erhält man dadurch, daß man den Wellenmotoren eine Art Stromverdrängungskennlinie aufzwingt, also etwa durch Einschalten einer Parallelschaltung aus Drossel und ohmschen Widerstand in jede Läuferphase[1])[2]).

In Bild 5 ist c das Primärstromdiagramm eines Wellenmotors mit einer Widerstands-Drosselkombination im Läuferkreis. Der Betriebspunkt B für den Betriebsschlupf s der Wellenmotoren ist dabei so gelegt, daß das Drehmoment mit wachsender Drehzahl möglichst steil abfällt. Man erkennt aus

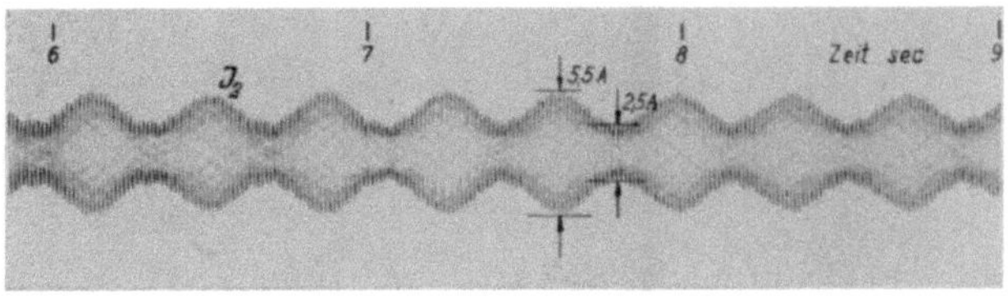

Bild 6. Pendelungen des Läuferstroms einer Drehstromwelle ohne Dämpfungswiderstände im Läuferkreis (etwa 200 W übertragene Leistung bei $s = 1{,}5$, Nennleistung der Wellenmotoren 3,7 kW), J_2 = Läuferstrom.

Bild 5, daß das Kippmoment des voreilenden Wellenmotors M_{KW} wesentlich größer als im Fall der Vorschaltung ohmscher Widerstände bei gleichem Betriebsschlupf ist. Auf diese Weise läßt sich stets eine positive elektrische Dämpfung bei Wellenmotoren größerer Leistung erzielen.

Viel schwieriger liegt der Fall, wenn es sich um Wellenmotoren kleiner Leistungen in der Größenordnung einiger Kilowatt handelt. Hierbei darf man die Ständerwiderstände nicht mehr vernachlässigen; außerdem sind die ohmschen Widerstände von Ständer und Läufer relativ derart groß, daß die Vorschaltung einer Parallelschaltung aus Drossel und ohmschen Widerstand nicht mehr zu den günstigen Ergebnissen gegenüber rein ohmschen Vorschaltwiderständen führt, wie es bei größeren Maschinen der Fall ist. Da die Vorschaltung rein ohmscher Widerstände, wie oben bereits gezeigt, das nun an sich schon kleinere Wellenkippmoment weiter herabsetzen würde, so ist man gezwungen, entweder größere Wellenmotoren zu verwenden oder sich mit den mechanischen Dämpfungen zu begnügen, die aber, da sie rechnerisch nicht erfaßbar sind, eine große Unsicherheit bedeuten.

[2]) H. Jordan und W. Schmitt, Über die Unterdrückung der Pendelneigung elektrischer Wellen durch ohmsche und induktive Widerstände im Läuferkreis, AEG-Mitt. **1941**, 102···106.

Bild 6 zeigt die am Läuferstrom erkennbaren Pendelungen einer aus zwei gleichen 3000tourigen 3,7-kW-Motoren bestehenden Drehstromwelle, bei einer übertragenen Leistung von etwa 200 W ($s = 1{,}5$) ohne Dämpfungswiderstände im Läuferkreis.

Eine neue Möglichkeit zum Abdämpfen der selbsterregten Pendelungen einer elektrischen Welle wurde in der Gleichstromspeisung der Ständer der Wellenmotoren nach Bild 7 erkannt.

Bild 8 zeigt den Läuferstrom der gleichstromgespeisten elektrischen Welle bei der gleichen Belastung wie im Drehstromfall. Pendelungen sind nicht erkennbar.

Die Übertragung kleiner Leistungen in der Größenordnung von mehreren hundert Watt bei geringen Lastschwankungen ohne nennenswerte Winkelfehler ist eine im Werkzeugmaschinenbau häufig vorliegende Aufgabe. Sie läßt sich mit einer stark überdimensionierten elektrischen Welle lösen, wenn es gelingt, diese pendelfrei zu machen. Bei Drehstromspeisung der Welle ist aber ein pendelfreier

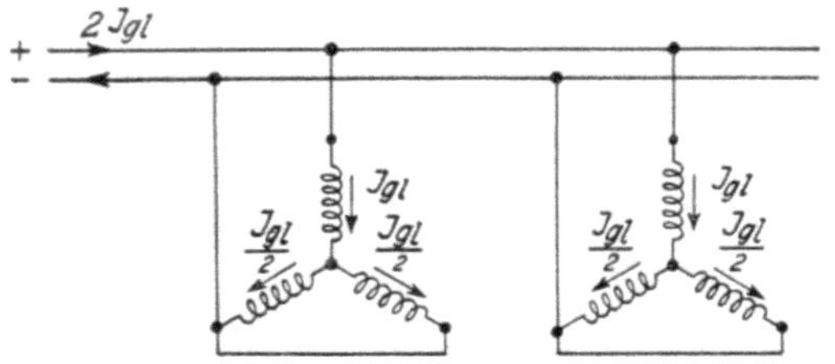

Bild 7. Ständerschaltung der Wellenmotoren bei Gleichstromspeisung.

Betrieb aus den oben genannten Gründen schwer zu erzielen. Es ist dabei bereits schwierig, die elektrische Dämpfung auf den Wert Null zu bringen.

Wie aus Bild 8 hervorgeht, ist es bei Gleichstromspeisung der Ständer offenbar möglich, derartige Forderungen ohne zusätzliche Dämpfungswiderstände zu erfüllen. Es kommt also darauf an, zu zeigen, unter welchen Bedingungen sich ein pendelfreier Betrieb mit einer gleichstromgespeisten Welle in der Ständerschaltung nach Bild 7 ermöglichen läßt. Die Wellenmotoren arbeiten in dieser Schaltung als Synchronmaschinen, jedoch mit dem Unterschied, daß kein starkes taktgebendes Netz vorhanden ist. Aus diesem Grunde werden die Stabilitätsbedingungen für die Gleichstromwelle von denen einer Synchronmaschine am starren Netz abweichen.

Im folgenden Abschnitt soll zunächst das stationäre Betriebsverhalten einer gleichstromgespeisten Welle untersucht werden.

B. Das stationäre Betriebsverhalten einer Gleichstromwelle.

Zur rechnerischen Ermittlung des stationären Betriebsverhaltens einer Gleichstromwelle werden die folgenden Voraussetzungen getroffen:

1. Vernächlässigung der Sättigung,
2. Vernachlässigung der Oberfelderscheinungen,
3. Vernachlässigung der Eisenverluste.

a) Bestimmung des Diagrammes der Läuferströme.

Da es sich bei der Gleichstromwelle um Drehstrominduktionsmotoren handelt und ihr Verhalten mit

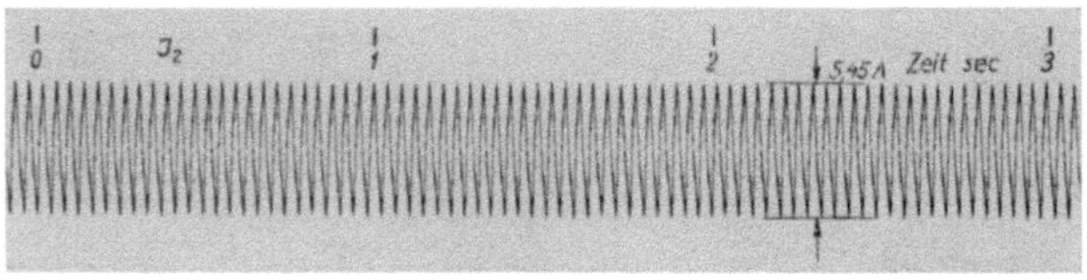

Bild 8. Läuferstrom einer Gleichstromwelle ohne Dämpfungswiderstände im Läuferkreis (etwa 200 W übertragene Leistung, etwa 1500 U/min) $J_2' =$ Läuferstrom.

dem der üblichen Drehstromwelle verglichen werden soll, ist es vorteilhaft, die Rechnung mit den für Drehstrommotoren üblichen Bezeichnungen durchzuführen. Aus diesem Grunde wird z. B. der Erregergleichstrom $\mathfrak{J}_{gl}$ durch ein äquivalentes Drehstromsystem der Frequenz Null ersetzt, dessen effektiver Phasenstrom aus Bild 7 zu

$$\mathfrak{J}_1 = \frac{\mathfrak{J}_{gl}}{\sqrt{2}} \quad [A], \tag{2}$$

wird. Es ist physikalisch gleichwertig, ob die Läufer der beiden Wellenmotoren einen elektrischen Winkel γ einschließen oder ob dieser Winkel zwischen den Ständerspeiseströmen der beiden Wellenmotoren auftritt. Der letzte Fall läßt sich sofort an Hand des Ersatzbildes 9 übersehen.

Der Läuferstrom $\mathfrak{J}'_2$ der Maschine W' kann durch Überlagerung der Stromspeisungen mit $\mathfrak{J}'_1$ und $\mathfrak{J}''_1 = \mathfrak{J}'_1 \, e^{-j\gamma}$ ermittelt werden.

Wird zunächst die Maschine W' mit dem Strom $\mathfrak{J}'_1$ gespeist, so möge in ihrem Läufer der Strom $\mathfrak{A}$

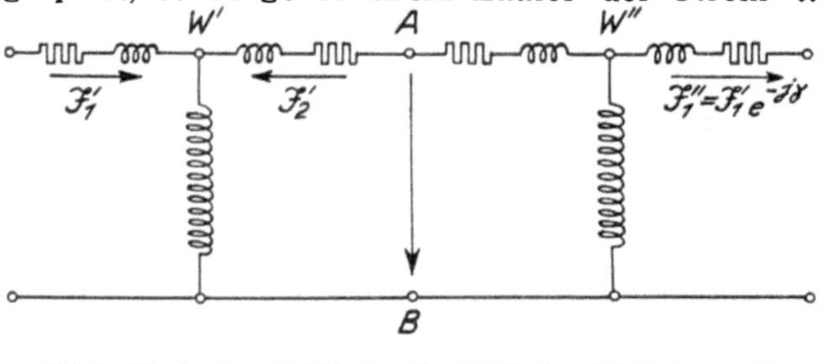

Bild 9. Einphasiges elektrisches Ersatzbild einer Gleichstromwelle aus zwei gleichen Wellenmotoren.

fließen. Hierbei hat man sich die Maschine W'' im Ständer kurzgeschlossen zu denken. Bei Speisung der Maschine W'' mit $\mathfrak{J}''_1 = \mathfrak{J}'_1$ möge in der Maschine W' der Läuferstrom $\mathfrak{B}$ auftreten. Verdreht man nun den Strom $\mathfrak{J}''_1$ um den Winkel $-\gamma$ (das entspricht einer Drehung des Läufers der Maschine W'' um den Winkel $+\gamma$ im Sinne der Drehrichtung), so verdreht sich der Strom $\mathfrak{B}$ um den gleichen

Winkel $-\gamma$ und geht in $\mathfrak{B}\, e^{-j\gamma}$ über, so daß sich der gesamte Läuferstrom der Maschine W' zu

$$\mathfrak{J}_2' = \mathfrak{A} + \mathfrak{B} \cdot e^{-j\gamma} \qquad (3)$$

ergibt. Die Werte $\mathfrak{A}$ und $\mathfrak{B}$ lassen sich wie folgt ermitteln: Sind beide Maschinen nicht gegeneinander verdreht (Leerlaufstellung, $\gamma=0$), so kann im Läuferkreis aus Symmetriegründen kein Strom fließen, und es ist daher

$$\mathfrak{A}+\mathfrak{B}=0. \qquad (4)$$

Sind beide Maschinen um $\gamma=\pm 180^\circ$ elektrisch verdreht (Kurzschlußstellung), so muß aus Symmetrie-

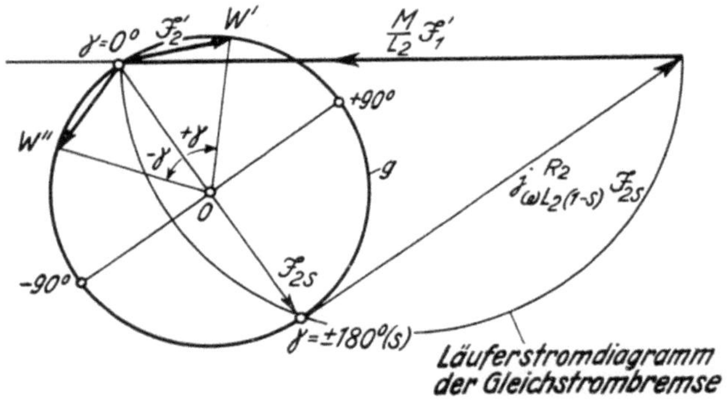

Bild 10. Läuferstromdiagramm der Gleichstromwelle (g).

gründen die Läuferspannung zwischen den Punkten A und B (Bild 9) verschwinden. Man kann sich also in diesem Fall die Punkte A und B kurzgeschlossen denken, wodurch die Anordnung in zwei voneinander unabhängige gleichstromerregte Asynchronmotoren (Gleichstrombremsen) zerfällt.

Im Läuferkreis wird also der Strom $\mathfrak{J}_{2s}$ auftreten, der bei der betreffenden, durch den Schlupf s gekennzeichneten Drehzahl dem Stromdiagramm der Gleichstrombremse zu entnehmen ist[3]), so daß

$$\mathfrak{A} - \mathfrak{B} = \mathfrak{J}_{2s} \qquad (5)$$

ist. Aus der Form der Gleichung (3) erkennt man bereits, daß sich der Läuferstrom $\mathfrak{J}'_2$ mit dem Verdrehungswinkel γ als Parameter auf einem Kreise bewegt, dessen Mittelpunktsvektor $\mathfrak{A}$ und dessen Halbmesser $\mathfrak{B}$ ist. Aus den Gleichungen (4) und (5) erhält man

$$\mathfrak{A} = -\mathfrak{B} = \frac{\mathfrak{J}_{2s}}{2}\,. \qquad (6)$$

Daraus folgt, daß der Kreismittelpunkt O die Verbindungslinie des Leerlaufpunktes L mit dem Betriebspunkt B als Gleichstrombremse (Kurzschlußstellung) halbiert.

Aus den Gleichungen (3) und (6) folgt schließlich:

$$\mathfrak{J}_2' = \frac{\mathfrak{J}_{2s}}{2}\,(1 - e^{-j\gamma})\,. \qquad (7)$$

Für die Maschine W'' ist γ durch $-\gamma$ zu ersetzen. Die Läuferströme der beiden Maschinen beschreiben also gemeinsam ein Kreisdiagramm, jedoch mit entgegengesetztem Umlaufsinn (Bild 10).

[3]) H. Jordan u. W. Schmitt, Die Gleichstrombremsung des Asynchronmotors. AEG-Mitt. (1942), H. 1/4 (Januar/April).

Damit wird für einen bestimmten, durch s und γ gekennzeichneten Betriebspunkt die eine Maschine zum Motor, die andere zum Generator werden. Welche der beiden Maschinen ein motorisches Moment entwickelt, ist an Hand des Bildes 11 sofort erkennbar.

Die belastete Maschine wird in der Drehrichtung zurückzubleiben versuchen; der Läufer der unbelasteten Maschine wird daher im Sinne der Drehrichtung voreilen. Bezeichnet man den elektrischen Voreilwinkel der unbelasteten Maschine im Sinne der Drehrichtung als positiv, so ist in dem hier betrachteten Falle W' der belastete Wellenmotor. Die von der elektrischen Welle entwickelten Drehmomente werden nach dem Energiegesetz so gerichtet sein, daß sie die Verdrehungen aufzuheben versuchen. Daher entwickelt der Wellenmotor W' ein positives motorisches Drehmoment im Sinne der Drehrichtung und der Wellenmotor W'' ein negatives generatorisches Drehmoment entgegen der Drehrichtung.

Aus dem Stromdiagramm der Gleichstromwelle (Bild 10) geht hervor, daß die Drehmomente der beiden Maschinen trotz gleicher Größe der Läuferströme verschieden groß sind. Zur Aufzeichnung des Stromdiagrammes der Gleichstromwelle braucht man also nur den Läuferstrom $\mathfrak{J}_{2s}$ für den Betrieb eines Wellenmotors als Gleichstrombremse beim Betriebsschlupf s der elektrischen Welle zu ermitteln. Dieser ergibt sich aus der Läuferspannungsgleichung für die Gleichstrombremse zu

$$0 = -j\omega(1-s)\,\mathfrak{M}\mathfrak{J}_1' + [R_2 - j\omega(1-s)\cdot L_2]\,\mathfrak{J}_{2s}\,, \qquad (8)$$

wobei $\mathfrak{M}$ den Drehfeldgegeninduktionskoeffizienten [Henry], R_2 den Läuferphasenwiderstand [Ω], L_2 den Drehfeldselbstinduktionskoeffizienten des Läufers [Henry] und ω die der synchronen Drehzahl der Wellenmotoren entsprechende Netzkreisfre-

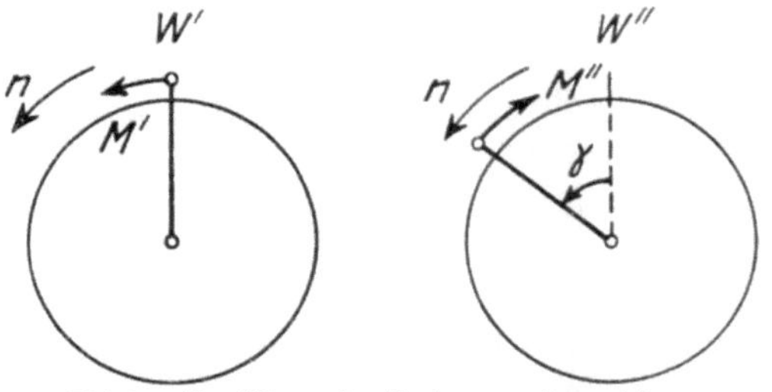

Bild 11. Ermittlung des Drehmomentvorzeichens.

quenz [s^{-1}] bedeuten. Unter dem Betriebsschlupf s der Gleichstromwelle soll dabei der Wert

$$s = 1 - \frac{n}{n_s} \qquad (9)$$

verstanden werden (n = Betriebsdrehzahl der Gleichstromwelle [U/min], n_s = synchrone Drehzahl der Wellenmotoren [U/min]). Aus Gleichung (8) folgt:

$$\mathfrak{J}_{2s} = \frac{j\omega(1-s)\,\mathfrak{M}\mathfrak{J}_1'}{R_2 - j\omega(1-s)\,L_2}\ [\mathrm{A}]\,. \qquad (10)$$

Mit s als Parameter beschreibt $\mathfrak{J}_{2s}$ ein Kreisdiagramm[3]) (Bild 10).

Das Drehmoment der Gleichstromwelle läßt sich aus den mechanischen Leistungen der Wellenmotoren ermitteln, und diese ergeben sich auf Grund einer Leistungsbilanz.

b) Die Leistungsbilanz der Gleichstromwelle.

Mit den obigen Bezeichnungen ergibt sich als Läuferspannungsgleichung für die Gleichstromwelle:

$$0 = -j\omega(1-s)\,\mathfrak{M}\mathfrak{J}_1' + 2\,[R_2 - j\omega(1-s)\,L_2]\,\mathfrak{J}_2' + \\ + j\omega(1-s)\,\mathfrak{M}\mathfrak{J}_1' \cdot e^{-j\gamma} \qquad (11)$$

und daraus der Läuferstrom der Gleichstromwelle:

$$\mathfrak{J}_2' = + \frac{j\omega(1-s)\,\mathfrak{M}\mathfrak{J}_1'\,(1-e^{-j\gamma})}{2\,[R_2 - j\omega(1-s)\,L_2]} = \frac{\mathfrak{J}_{2s}}{2}(1-e^{-j\gamma}). \quad (12)$$

Gleichung (12) läßt erkennen, daß im Stillstand ($s=1$) ein Betrieb der Gleichstromwelle nicht möglich ist, da die im Läuferkreis induzierten Spannungen verschwinden.

Multipliziert man Gleichung (11) skalar mit $m_2\,\mathfrak{J}'_2$ (m_2=Läuferphasenzahl), so wird

$$0 = +\underbrace{m_2\,\omega(1-s)\,\mathfrak{M}\,j\,\mathfrak{J}_2' \times \mathfrak{J}_1'}_{N_m'} + \underbrace{2\,m_2\,R_2\,\mathfrak{J}_2'^2}_{V_{cu_2}} + \\ + \underbrace{m_2\,\omega(1-s)\,\mathfrak{M}\,(-j\,\mathfrak{J}_2' e^{+j\gamma}) \times \mathfrak{J}_1'}_{N_m''}\,. \qquad (13)$$

Die mechanische Leistungsabgabe des Wellenmotors W' folgt daraus zu

$$N_m' = +\,m_2\,\omega(1-s)\,\mathfrak{M}\,j\,\mathfrak{J}_2' \times \mathfrak{J}_1' \qquad [W]\,. \quad (14)$$

Sie unterscheidet sich von der mechanischen Leistung des Wellenmotors W'' um die Kupferverluste des Läuferkreises $V_{cu2} = 2\,m_2\,R_2\,J_2'^2$.

c) Ermittlung der Drehmomente.

Das Drehmoment des Wellenmotors W' ergibt sich aus der mechanischen Leistung Gleichung (14) zu

$$M' = +0{,}973\frac{N_m'}{n_s(1-s)} = +0{,}102\,p\,m_2\,\mathfrak{M}\,j\,\mathfrak{J}_2' \times \mathfrak{J}_1' = \frac{0{,}102\,p\,m_2\,\mathfrak{M}^2\,\mathfrak{J}_1'^2(1-s)}{2\,L_2 \cdot \left[\left(\frac{R_2}{\omega L_2}\right)^2 + (1-s)^2\right]} \cdot \left[-\frac{R_2}{\omega L_2}(1-\cos\gamma) + (1-s)\sin\gamma\right] \; [\mathrm{kgm}]; \quad (15)$$

dabei ist unter γ der Voreilwinkel des Läufers der unbelasteten Maschine W'' gegenüber der belasteten Maschine W' zu verstehen (p=Polpaarzahl der Wellenmotoren). Um die bei dem Winkel γ auftretenden Definitions-Schwierigkeiten zu vermeiden, rechnet man vorteilhafterweise nicht mit der gegenseitigen Winkelverdrehung γ, sondern mit den Winkeln $\gamma_1 = p\,\varphi_1$ und $\gamma_2 = p\,\varphi_2$, die die Läufer der Wellenmotoren W' und W'' gegen eine willkürliche im Raum ruhende Richtung bilden. Damit geht Gleichung (15) über in

$$M' = +\frac{0{,}102\,p\,m_2\,\mathfrak{M}^2\,\mathfrak{J}_1'^2(1-s)}{2\,L_2 \cdot \left[\left(\frac{R_2}{\omega L_2}\right)^2 + (1-s)^2\right]}\left\{-\frac{R_2}{\omega L_2}[1-\cos p(\varphi_1-\varphi_2)] - (1-s)\sin p(\varphi_1-\varphi_2)\right\} \quad [\mathrm{kgm}]\,. \quad (16)$$

Das Drehmoment der Maschine W'' folgt daraus, wenn man γ durch $-\gamma$ ersetzt bzw. die Indizes in den Winkeln φ_1 und φ_2 miteinander vertauscht.

Aus Gleichung (16) ersieht man, daß sich das Drehmoment der Wellenmotoren aus zwei völlig verschiedenen Anteilen zusammensetzt. Der asynchrone Moment-Anteil

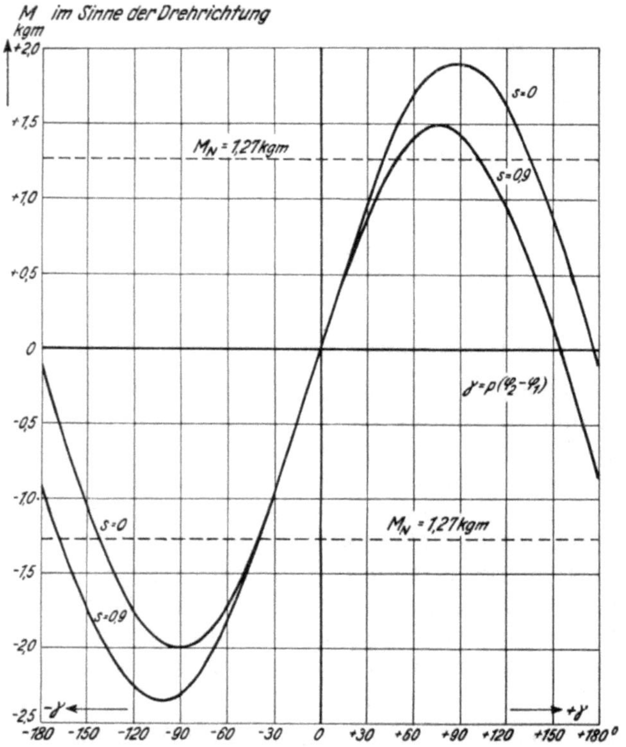

M_N = Nennmoment der Wellenmotoren,
γ = Elektrischer Voreilwinkel der unbelasteten Maschine.

Bild 12. Stationärer Drehmomentverlauf der Gleichstromwelle.

$$\sim -\frac{R_2}{\omega L_2}[1-\cos p(\varphi_1-\varphi_2)]$$

ist für beide Wellenmotoren der Drehung der Läufer entgegengerichtet. Er tritt auf, sowie die Läufer gegeneinander verdreht werden und bewirkt eine Abbremsung der ganzen Anordnung, während bei der Drehstromwelle durch das asynchrone Moment eine Beschleunigung der Anordnung erfolgt. Der synchrone Momentanteil

$$\sim -(1-s)\sin p(\varphi_1-\varphi_2)$$

hat für die beiden Wellenmotoren entgegengesetzte Richtung und wirkt einer Verdrehung der Läufer entgegen. Bild 12 zeigt den stationären Drehmomentverlauf für $s=0$ und $0{,}9$ in Abhängigkeit von der elektrischen Läuferverdrehung $\gamma = p\,(\varphi_2-\varphi_1)$ für die Wellenmotoren, die für die Aufnahme der Oszillogramme der Bilder 6 und 8 verwendet wurden.

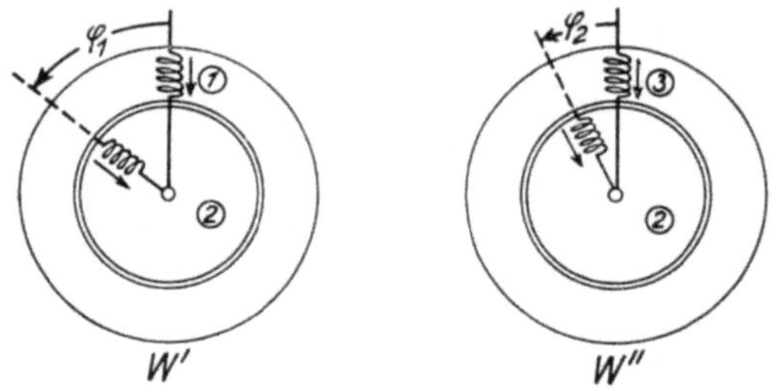

Bild 13. Zählrichtungen (einphasig).

Bild 12 läßt erkennen, daß das motorische Wellenmoment, d. h. das Moment der im Sinne der Drehung nacheilenden Maschine, durch die Wirkung des asynchronen Momentanteils herabgesetzt, das generatorische Wellenmoment dagegen erhöht wird.

C. Das Verhalten der pendelnden Gleichstromwelle.

Um das Verhalten einer pendelnden Gleichstromwelle einer analytischen Behandlung überhaupt zugänglich zu machen, werden die folgenden Voraussetzungen getroffen:

1. Vernachlässigung der Sättigung,
2. Vernachlässigung der Oberfelderscheinungen,
3. Vernachlässigung der Eisenverluste,
4. Beschränkung auf kleine Schwingungsamplituden,
5. Beschränkung auf langsame Pendelungen im Verhältnis zur Läuferfrequenz.

Zunächst einige Bemerkungen zu den Voraussetzungen: Die Voraussetzung 2 ist ganz unbedenklich, da die Oberfelder bei Schleifringankermotoren — abgesehen vom Stillstand, der hier nicht betrachtet zu werden braucht — keine Rolle hinsichtlich der Drehmomentbildung spielen.

Auch die Voraussetzungen 4 und 5 können als unbedenklich angesehen werden, da die Aufschaukelung bei selbsterregten Pendelungen mit kleinen Amplituden beginnt und die mechanischen Pendelfrequenzen stets klein gegenüber den elektrischen Frequenzen sind. Die Voraussetzungen 1 und 3 bedeuten eine gewisse Einschränkung, so daß die Ergebnisse der Stabilitätsbetrachtung nur als eine erste Näherung aufgefaßt werden dürfen. Die Beschränkung auf kleine Pendelungen ist dagegen

keine unzulässige Einschränkung. Es ist z. B. durchaus denkbar, daß in einem bestimmten Betriebszustand selbsterregte Pendelungen von kleinen Amplituden aus angefacht werden, daß sich aber diese Schwingung bei großen Pendelamplituden stabilisiert (etwa dadurch, daß sich durch Sättigungserscheinungen die Koeffizienten ändern). In einem solchen Falle würde zwar der Gleichlauf der Wellenmotoren gewahrt bleiben, ein solcher Betriebszustand wäre aber praktisch, z. B. im Werkzeugmaschinenbau, nicht verwendbar.

a) Die Bestimmung der Ströme.

Bewegt sich der Läufer der Maschine W' mit der Winkelgeschwindigkeit $\frac{\omega}{p}(1-s+\dot{\varGamma}_1)$ und der Läufer der Maschine W'' mit der Winkelgeschwindigkeit $\frac{\omega}{p}(1-s+\dot{\varGamma}_2)$, wobei $\dot{\varGamma}_1$ und $\dot{\varGamma}_2$ die Pendelschlüpfe bedeuten, so entstehen in den Ständerkreisen netzfremde Frequenzen. Es genügt nun, die Speisung der Maschine W' mit konstantem Gleichstrom zu betrachten, wobei der Ständer der Maschine W'' kurzgeschlossen zu denken ist, um alle zur Drehmomentberechnung erforderlichen Ströme zu ermitteln. Die Kreisfrequenzen in den einzelnen Stromkreisen sind in folgendem Schema zusammengestellt:

Ständer W' $\qquad\qquad W''$
$\quad$ 0 Speisefrequenz $\;+\omega(\dot{\varGamma}_2-\dot{\varGamma}_1)$ Fremdfrequenz
$\qquad\downarrow\qquad\qquad\qquad\uparrow$
Läufer $-\omega(1-s+\dot{\varGamma}_1)\;\longrightarrow\;-\omega(1-s+\dot{\varGamma}_1)$

Mit den Zählrichtungen und Bezeichnungen von Bild 13 ergeben sich die folgenden Spannungsgleichungen zur Berechnung der Ströme:

$$0 = -j\omega(1-s+\dot{\varGamma}_1)\mathfrak{M}\mathfrak{J}_{11} + 2[R_2 - j\omega(1-s+\dot{\varGamma}_1)L_2]\mathfrak{J}_{21} + j\omega(1-s+\dot{\varGamma}_1)\mathfrak{M}\mathfrak{J}_{31}\,, \qquad (17)$$

$$0 = -j\omega(\dot{\varGamma}_2-\dot{\varGamma}_1)\mathfrak{M}\mathfrak{J}_{21} + [R_1 + j\omega(\dot{\varGamma}_2-\dot{\varGamma}_1)L_1]\mathfrak{J}_{31}\,. \qquad (18)$$

Darin bedeuten

$\frac{\omega}{p}(1-s)$ die Drehzahlkreisfrequenz [s^{-1}],

$L_1, L_2, \mathfrak{M}$ die Drehfeldinduktivitäten [Henry],
R_1, R_2 die ohmschen Phasenwiderstände [$\varOmega$],
φ_1, φ_2 die mechanischen Drehwinkel der Läufer im Sinne der Drehrichtung gegen eine im Raum ruhende willkürlich gewählte Richtung.

Der erste Index bei den Strömen bezieht sich auf den Stromkreis, der zweite auf das speisende Netz, 1: falls W' gespeist wird und W'' im Ständer kurzgeschlossen zu denken ist, 2: im umgekehrten Fall. $\mathfrak{J}_{11}$ ist der äquivalente Drehstrom der Frequenz Null (Gleichung 2), der sich aus der angelegten Gleichspannung nach dem ohmschen Gesetz ergibt. Aus den Gleichungen (17) und (18) lassen sich die gesuchten Ströme $\mathfrak{J}_{21}$ und $\mathfrak{J}_{31}$ ermitteln. Zur Vereinfachung der Rechnung werden die folgenden dimensionslosen Abkürzungen eingeführt:

$$\frac{R_1}{\omega L_1} = \alpha\,, \quad \frac{R_2}{\omega L_2} = \beta\,, \quad 1 - \frac{\mathfrak{M}^2}{L_1 L_2} = \sigma\,. \tag{19}$$

α und β sind den Kehrwerten der elektrischen Zeitkonstanten des Ständer- und Läuferkreises verhältnisgleich, σ ist der gesamte Streukoeffizient, also das Verhältnis von Leerlaufstrom zu ideellem Kurzschlußstrom eines Wellenmotors. Damit ergeben sich die Ströme bei Speisung der Maschine W' zu

$$\mathfrak{J}_{21} = \frac{+j\,[\alpha + j(\dot{\Gamma}_2 - \dot{\Gamma}_1)]\cdot(1 - s + \dot{\Gamma}_1)\,\frac{\mathfrak{M}}{L_2}\,\mathfrak{J}_{11}}{2\,[\alpha + j(\dot{\Gamma}_2 - \dot{\Gamma}_1)]\,[\beta - j(1 - s + \dot{\Gamma}_1)] - (1-\sigma)(\dot{\Gamma}_2 - \dot{\Gamma}_1)(1 - s + \dot{\Gamma}_1)}\,, \tag{20}$$

$$\mathfrak{J}_{31} = \frac{-(1-\sigma)(\dot{\Gamma}_2 - \dot{\Gamma}_1)(1 - s + \dot{\Gamma}_1)\,\mathfrak{J}_{11}}{2\,[\alpha + j(\dot{\Gamma}_2 - \dot{\Gamma}_1)]\,[\beta - j(1 - s + \dot{\Gamma}_1)] - (1-\sigma)(\dot{\Gamma}_2 - \dot{\Gamma}_1)(1 - s + \dot{\Gamma}_1)}\,. \tag{21}$$

Die Reihenentwicklung nach Potenzen der Pendelschlüpfungen $\dot{\Gamma}_1$ und $\dot{\Gamma}_2$ ergibt bei Vernachlässigung der quadratischen Glieder (Voraussetzungen 4 und 5):

$$\mathfrak{J}_{21} = \frac{j\,\frac{\mathfrak{M}}{L_2}\,\mathfrak{J}_{11}\,(1-s)}{2\,[\beta - j(1-s)]} + \dot{\Gamma}_1\,\frac{j\,\frac{\mathfrak{M}}{L_2}\,\mathfrak{J}_{11}\,[2\,\alpha\beta - (1-\sigma)(1-s)^2]}{4\,\alpha\,[\beta - j(1-s)]^2} + \dot{\Gamma}_2\,\frac{j\,\frac{\mathfrak{M}}{L_2}\,\mathfrak{J}_{11}\,(1-\sigma)(1-s)^2}{4\,\alpha\,[\beta - j(1-s)]^2}\,, \tag{22}$$

$$\mathfrak{J}_{31} = +\dot{\Gamma}_1\,\frac{(1-\sigma)(1-s)\,\mathfrak{J}_{11}}{2\,\alpha\,[\beta - j(1-s)]} - \dot{\Gamma}_2\,\frac{(1-\sigma)(1-s)\,\mathfrak{J}_{11}}{2\,\alpha\,[\beta - j(1-s)]}\,. \tag{23}$$

Die Ströme bei Speisung der Maschine W'' (zweiter Index 2) folgen daraus, wenn man $\dot{\Gamma}_1$ und $\dot{\Gamma}_2$ mit einander vertauscht:

$$\mathfrak{J}_{22} = \frac{j\,\frac{\mathfrak{M}}{L_2}\,\mathfrak{J}_{11}\,(1-s)}{2\,[\beta - j(1-s)]} + \dot{\Gamma}_1\,\frac{j\,\frac{\mathfrak{M}}{L_2}\,\mathfrak{J}_{11}\,(1-\sigma)(1-s)^2}{4\,\alpha\,[\beta - j(1-s)]^2} + \dot{\Gamma}_2\,\frac{j\,\frac{\mathfrak{M}}{L_2}\,\mathfrak{J}_{11}\,[2\,\alpha\beta - (1-\sigma)(1-s)^2]}{4\,\alpha\,[\beta - j(1-s)]^2}\,, \tag{24}$$

$$\mathfrak{J}_{32} = -\dot{\Gamma}_1\,\frac{(1-\sigma)(1-s)\,\mathfrak{J}_{11}}{2\,\alpha\,[\beta - j(1-s)]} + \dot{\Gamma}_2\,\frac{(1-\sigma)(1-s)\,\mathfrak{J}_{11}}{2\,\alpha\,[\beta - j(1-s)]}\,. \tag{25}$$

Damit sind alle Unterlagen zur Drehmomentberechnung bekannt.

b) Ermittlung der Drehmomente.

Das Drehmoment der Maschine W' ergibt sich aus dem Produkt des gesamten Ständerfeldes mit dem gesamten Läuferstrom unter Berücksichtigung der Winkelverdrehung $p\,(\varphi_1 - \varphi_2)$ zu

$$M' = +0{,}102\,p\,m_2\,\mathfrak{M}\,j\,(\mathfrak{J}_{21} - \mathfrak{J}_{22}\,e^{+jp(\varphi_1-\varphi_2)}) \times (\mathfrak{J}_{11} + \mathfrak{J}_{32}\,e^{+jp(\varphi_1-\varphi_2)}) = \tag{26}$$

$$= -\left(\frac{0{,}102\,p\,m_2\,(1-\sigma)\,L_1\,\mathfrak{J}_{11}^2}{2}\right)\left\{\underbrace{\frac{(1-s)\,\{\beta\,[1-\cos p\,(\varphi_1-\varphi_2)] + (1-s)\sin p\,(\varphi_1-\varphi_2)\}}{\beta^2 + (1-s)^2}}_{\text{stationärer Momentanteil}} +\right.$$

$$+ \underbrace{\dot{\Gamma}_1\,\frac{(1-\sigma)(1-s)^4 + \alpha\beta^3 - \alpha\beta(1-s)^2 - \beta^2(1-\sigma)(1-s)^2\cos p\,(\varphi_1-\varphi_2) + \beta(1-\sigma)(1-s)^3\sin p\,(\varphi_1-\varphi_2)}{\alpha\,[\beta^2 + (1-s)^2]^2}}_{\text{von } W' \text{ herrührendes Dämpfungsmoment}} +$$

$$\left. + \underbrace{\dot{\Gamma}_2\,\frac{-(1-\sigma)(1-s)^4 + [\beta^2(1-\sigma)(1-s)^2 + \alpha\beta(1-s)^2 - \alpha\beta^3]\cos p\,(\varphi_1-\varphi_2) + [2\,\alpha\beta^2(1-s) - \beta(1-\sigma)(1-s)^3]\sin p\,(\varphi_1-\varphi_2)}{\alpha\,[\beta^2 + (1-s)^2]^2}}_{\text{von } W'' \text{ herrührendes Dämpfungsmoment}}\right\}\ [\text{kgm}]\,.$$

Das Drehmoment der pendelnden Maschine W'' folgt aus Gleichung (26) durch Vertauschung der Indizes 1 und 2 zu

$$M'' = -\left(\frac{0{,}102\,p\,m_2\,(1-\sigma)\,L_1\,\mathfrak{J}_{11}^2}{2}\right)\left\{\underbrace{\frac{(1-s)\,\{\beta\,[1-\cos p\,(\varphi_1-\varphi_2)] - (1-s)\sin p\,(\varphi_1-\varphi_2)\}}{\beta^2 + (1-s)^2}}_{\text{stationärer Momentanteil}} +\right. \tag{27}$$

$$+ \underbrace{\dot{\Gamma}_1\,\frac{-(1-\sigma)(1-s)^4 + [\beta^2(1-\sigma)(1-s)^2 + \alpha\beta(1-s)^2 - \alpha\beta^3]\cos p\,(\varphi_1-\varphi_2) - [2\,\alpha\beta^2(1-s) - \beta(1-\sigma)(1-s)^3]\sin p\,(\varphi_1-\varphi_2)}{\alpha\,[\beta^2(1-s)^2]^2}}_{\text{von } W' \text{ herrührendes Dämpfungsmoment}} +$$

$$\left. + \underbrace{\dot{\Gamma}_2\,\frac{(1-\sigma)(1-s)^4 + \alpha\beta^3 - \alpha\beta(1-s)^2 - \beta^2(1-\sigma)(1-s)^2\cos p\,(\varphi_1-\varphi_2) - \beta(1-\sigma)(1-s)^3\sin p\,(\varphi_1-\varphi_2)}{\alpha\,[\beta^2 + (1-s)^2]^2}}_{\text{von } W'' \text{ herrührendes Dämpfungsmoment}}\right\}\ [\text{kgm}]\,.$$

Damit sind die Grundlagen für die im folgenden Abschnitt durchgeführte Stabilitätsrechnung gegeben.

D. Ermittlung der Stabilitätsverhältnisse einer Gleichstromwelle aus zwei gleichen Wellenmotoren.

Zur Durchführung der Stabilitätsbetrachtungen denke man sich das System der Wellenmotoren durch das in Bild 14 dargestellte mechanische Schema ersetzt. Die Wellenmotoren werden dabei

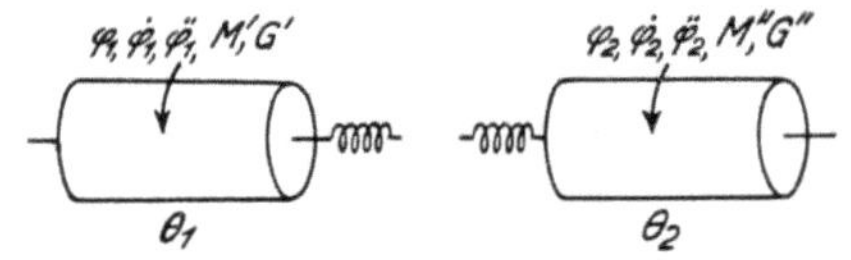

Bild 14. Mechanisches Ersatzbild der elektrischen Welle.

als ein Zweimassensystem aufgefaßt, dessen Drehmassen der Summe aller auf die Antriebs- bzw. Abtriebsseite bezogenen Drehmassen entsprechen und dessen Torsionsfeder durch das synchronisierende Moment der Wellenmotoren ersetzt ist.

Die Drehfedersteife ändert sich dabei, wie aus den Gleichungen (26) und (27) hervorgeht, mit dem Verdrehungswinkel, und zwar in gleicher Weise wie bei einem Pendel im Schwerefeld. Bezeichnet man die äußeren Drehmomente der Antriebsmotoren und Belastungsmaschinen mit G' und G'', so lauten die Bewegungsgleichungen mit den Bezeichnungen von Bild 14:

$$\Theta_\nu \ddot{\varphi}_\nu = M^{(\nu)} + G^{(\nu)} = -F^{(\nu)}(\varphi_1, \varphi_2, \dot{\varphi}_1, \dot{\varphi}_2, \ddot{\varphi}_1, \ddot{\varphi}_2), \quad \nu = 1,2. \tag{28}$$

Θ_1 und Θ_2 sind die gesamten Drehmassen auf der Antriebs- und Abtriebsseite. Bezeichnet man ferner die Gleichgewichtswerte ($\ddot{\varphi}_\nu = 0$) mit dem Index 0 und die Abweichungen aus der Gleichgewichtslage mit ψ_ν, $\dot{\psi}_\nu$ und $\ddot{\psi}_\nu$ ($\nu = 1,2$), so gilt für kleine und langsame Schwingungen um die Gleichgewichtslage (Voraussetzung 4 und 5)

$$\varphi_\nu = \varphi_{\nu_0} + \psi_\nu \quad \nu = 1,2, \text{ wobei } \dot{\varphi}_{10} = \dot{\varphi}_{20} = \frac{\omega}{p}(1-s) \text{ (Gleichlauf)}$$

$$\dot{\varphi}_\nu = \dot{\varphi}_{\nu_0} + \dot{\psi}_\nu \qquad \text{und } \dot{\psi}_\nu = \frac{\omega}{p} \dot{\Gamma}_\nu . \tag{29}$$

$$\ddot{\varphi}_\nu = \ddot{\psi}_\nu$$

Bei Beschränkung auf langsame Schwingungen (Voraussetzung 5) fallen in den Drehmomentfunktionen $F^{(\nu)}$ die Einflüsse von $\ddot{\psi}_\nu$ fort, so daß die Taylorentwicklungen dieser Funktionen die Werte

$$\Theta_\nu \ddot{\psi}_\nu + \left(\frac{\partial F^{(\nu)}}{\partial \varphi_1}\right)_0 \cdot \psi_1 + \left(\frac{\partial F^{(\nu)}}{\partial \varphi_2}\right)_0 \cdot \psi_2 + \tag{30}$$

$$+ \left(\frac{\partial F^{(\nu)}}{\partial \dot{\varphi}_1}\right) \cdot \dot{\psi}_1 + \left(\frac{\partial F^{(\nu)}}{\partial \dot{\varphi}_2}\right) \dot{\psi}_2 = 0, \qquad \nu = 1,2.$$

annehmen.

Für die partiellen Ableitungen der Drehmomentfunktionen $F^{(\nu)}$ an den Gleichgewichtsstellen $\psi_\nu = 0$, $\dot{\psi}_2 = 0$ und $\ddot{\psi}_\nu = 0$ werden zur Vereinfachung der Rechnung die folgenden Abkürzungen eingeführt:

$$\Theta_1 \ddot{\psi}_1 + d_{11} \dot{\psi}_1 + d_{12} \dot{\psi}_2 + c_{11} \psi_1 + c_{12} \psi_2 = 0 \, , \tag{31}$$

$$\Theta_2 \ddot{\psi}_2 + d_{21} \dot{\psi}_1 + d_{22} \dot{\psi}_2 + c_{21} \psi_1 + c_{22} \psi_2 = 0 \, . \tag{32}$$

Die d-Koeffizienten bedeuten Dämpfungs-, die c-Koeffizienten Elastizitätskonstanten. Mit diesen Bezeichnungen lautet die charakteristische Gleichung des Systems der Bewegungsdifferenzialgleichungen (31) und (32):

$$\begin{aligned} &\lambda^4 \cdot \Theta_1 \Theta_2 + \lambda^3 (\Theta_1 d_{22} + \Theta_2 d_{11}) + \\ &+ \lambda^2 (\Theta_1 c_{22} + \Theta_2 c_{11} + d_{11} d_{22} + d_{12} d_{21}) + \\ &+ \lambda (c_{11} d_{22} + c_{22} d_{11} - c_{12} d_{21} - c_{21} d_{12}) + (c_{11} c_{22} - c_{12} c_{21}) = 0. \end{aligned} \tag{33}$$

oder in abgekürzter Schreibweise:

$$\lambda^4 a_0 + \lambda^3 a_1 + \lambda^2 a_2 + \lambda a_3 + a_4 = 0 \, . \tag{34}$$

Einmal eingeleitete Schwingungen nehmen zeitlich ab, wenn die Koeffizienten a_0, a_1, a_2, a_3 und a_4 die vier folgenden Bedingungen gleichzeitig erfüllen[4]):

$$a_1 > 0, \; a_1 a_2 - a_0 a_3 > 0,$$

$$a_3 (a_1 a_2 - a_0 a_3) - a_4 a_1^2 > 0, \; a_4 > 0 \, . \tag{35}$$

Es sind also zunächst die Dämpfungs- und Elastizitäts-Koeffizienten aus den Drehmomentformeln zu ermitteln. Bei der Berechnung der Drehmomentfunktionen ist zu beachten, daß die äußeren Drehmomente $G^{(\nu)}$ der Antriebsmotoren und der Belastungsmaschinen im allgemeinen nur von der jeweiligen Winkelgeschwindigkeit $\dot{\varphi}_\nu$ abhängen, also Dämpfungsglieder bedeuten (Voraussetzung 6), während die Drehmomente der Wellenmotoren durch die stationäre Winkelverdrehung $p \, \Delta \varphi_0 = p \, (\varphi_{10} - \varphi_{20})$ und die gemeinsame mittlere Winkelgeschwindigkeit $\dot{\varphi}_0 = \frac{\dot{\varphi}_1 + \dot{\varphi}_2}{2}$ bestimmt sind. Aus den Gleichungen (26) und (27) des vorigen Abschnitts folgen die Elastizitäts- und Dämpfungskonstanten zu

[4]) s. M. Tolle, Regelung der Kraftmaschinen, Berlin, J. Springer, S. 763 ff.

$$c_{11} = -c_{12} = -\left(\frac{\partial M'}{\partial \varphi_1}\right)_0 = +p\left(\frac{0{,}102\, p\, m_2 (1-\sigma) L_1 \mathfrak{J}_{11}^2}{2}\right) \cdot \frac{(1-s)[\beta \sin p \Delta \varphi_0 + (1-s) \cos p \Delta \varphi_0]}{\beta^2 + (1-s)^2} \text{ [kgm/B]}, \tag{36a}$$

$$c_{22} = -c_{21} = -\left(\frac{\partial M''}{\partial \varphi_2}\right)_0 = +p\left(\frac{0{,}102\, p\, m_2 (1-\sigma) L_1 \mathfrak{J}_{11}^2}{2}\right) \cdot \frac{(1-s)[-\beta \sin p \Delta \varphi_0 + (1-s) \cos p \Delta \varphi_0]}{\beta^2 + (1-s)^2} \text{ [kgm/B]}, \tag{36b}$$

$$d_{11} = -\left(\frac{\partial G'}{\partial \dot{\varphi}_0}\right)_0 - \left(\frac{\partial M'}{\partial \dot{\varphi}_1}\right)_0 = -\left(\frac{\partial G'}{\partial \dot{\varphi}_0}\right)_0 - \left(\frac{\partial M'}{\partial \dot{\psi}_1}\right)_0 = -\left(\frac{\partial G'}{\partial \dot{\varphi}_0}\right)_0 + \frac{p}{\omega}\left(\frac{0{,}102\, p\, m_2\,(1-\sigma)\, L_1\, \mathfrak{J}_{11}^2}{2}\right) \cdot \tag{36c}$$

$$\cdot \frac{(1-\sigma)(1-s)^4 + \alpha\beta^3 - \alpha\beta(1-s)^2 - \beta^2(1-\sigma)(1-s)^2 \cos p\Delta\varphi_0 + \beta(1-\sigma)(1-s)^3 \sin p\Delta\varphi_0}{\alpha\,[\beta^2 + (1-s)^2]^2}\ \text{[kgm/s]},$$

$$d_{12} = -\left(\frac{\partial M'}{\partial \dot{\varphi}_2}\right)_0 = -\left(\frac{\partial M'}{\partial \dot{\psi}_2}\right)_0 = +\frac{p}{\omega}\left(\frac{0{,}102\, p\, m_2\,(1-\sigma)\, L_1\, \mathfrak{J}_{11}^2}{2}\right) \cdot \tag{36d}$$

$$\cdot \frac{-(1-\sigma)(1-s)^4 + [\beta^2(1-\sigma)(1-s)^2 + \alpha\beta(1-s)^2 - \alpha\beta^3] \cos \Delta\varphi_0 + [2\alpha\beta^2(1-s) - \beta(1-\sigma)(1-s)^3] \sin p\Delta\varphi_0}{\alpha\,[\beta^2 + (1-s)^2]^2}\ \text{[kgm/s]},$$

$$d_{22} = -\left(\frac{\partial G''}{\partial \dot{\varphi}_0}\right)_0 - \left(\frac{\partial M''}{\partial \dot{\varphi}_2}\right)_0 = -\left(\frac{\partial G''}{\partial \dot{\varphi}_0}\right)_0 - \left(\frac{\partial M''}{\partial \dot{\psi}_2}\right)_0 = -\left(\frac{\partial G''}{\partial \dot{\varphi}_0}\right)_0 + \frac{p}{\omega}\left(\frac{0{,}102\, p\, m_2\,(1-\sigma)\, L_1\, \mathfrak{J}_{11}^2}{2}\right) \cdot \tag{36e}$$

$$\cdot \frac{(1-\sigma)(1-s)^4 + \alpha\beta^3 - \alpha\beta(1-s)^2 - \beta^2(1-\sigma)(1-s)^2 \cos p\Delta\varphi_0 - \beta(1-\sigma)(1-s)^3 \sin p\Delta\varphi_0}{\alpha\,[\beta^2 + (1-s)^2]^2}\ \text{[kgm/s]},$$

$$d_{21} = -\left(\frac{\partial M''}{\partial \dot{\varphi}_1}\right)_0 = -\left(\frac{\partial M''}{\partial \dot{\psi}_1}\right)_0 = +\frac{p}{\omega}\left(\frac{0{,}102\, p\, m_2\,(1-\sigma)\, L_1\, \mathfrak{J}_{11}^2}{2}\right) \cdot \tag{36f}$$

$$\cdot \frac{-(1-\sigma)(1-s)^4 + [\beta^2(1-\sigma)(1-s)^2 + \alpha\beta(1-s)^2 - \alpha\beta^3] \cos p\Delta\varphi_0 - [2\alpha\beta^2(1-s) - \beta(1-\sigma)(1-s)^3] \sin p\Delta\varphi_0}{\alpha\,[\beta^2 + (1-s)^2]^2}\ \text{[kgm/s]}.$$

Im allgemeinen ist jedenfalls festzustellen, daß gewisse Koeffizientenkombinationen der charakteristischen Gleichung (33) nicht negativ werden dürfen, wenn die Anordnung dynamisch stabil arbeiten soll. Die charakteristische Gleichung (33) ist vierten Grades; sie geht aber, wie aus den Gleichungen (36a) und (36b) folgt, wegen

$$a_4 = c_{11} c_{12} - c_{12}\, c_{21} = 0 \tag{37}$$

in eine Gleichung dritten Grades über. Die Stabilitätsbedingungen nach Gleichung (35) vereinfachen sich daher zu

$$\text{a) } a_1 > 0, \quad \text{b) } a_1 a_2 - a_0 a_3 > 0, \quad \text{c) } a_3 > 0 \tag{38}$$

oder, wenn man wieder die c- und d-Koeffizienten einführt, zu

$$\Theta_1 d_{22} + \Theta_2 d_{11} > 0\,, \tag{39}$$

$$(\Theta_1 d_{22} + \Theta_2 d_{11})\,(\Theta_1 c_{22} + \Theta_2 c_{11} + d_{11} d_{22} - d_{12} d_{21}) -$$
$$- \Theta_1 \Theta_2\, [c_{11}\,(d_{22} + d_{21}) + c_{22}\,(d_{11} + d_{12})] > 0\,,$$
$$c_{11}\,(d_{22} + d_{21}) + c_{22}\,(d_{11} + d_{12}) > 0\,.$$

Auch diese bereits einfacheren Stabilitätsbedingungen sind noch schwer zu übersehen. Es ist daher vorteilhaft, sich zunächst auf die praktisch wichtigsten Sonderfälle zu beschränken. Dabei ist zu berücksichtigen, daß die äußeren Drehmomente im allgemein dämpfend wirken. Man rechnet daher besonders ungünstig, wenn man ihre Ableitungen nach der mittleren Winkelgeschwindigkeit gleich Null setzt. Das entspricht physikalisch einem Antrieb und einer Belastung der elektrischen Welle durch Gewichte.

Schwingungen werden immer eingeleitet, wenn die Welle plötzlich entlastet wird. Dann ist $p\,\Delta\,\varphi_0 = 0$, und man erhält Schwingungen um die Nullage. Dieser Fall dürfte der praktisch wichtigste sein.

a) Schwingungen um die Nullage:
$p\,\Delta\,\varphi_0 = 0$ (plötzliche Entlastung).

Aus den Gleichungen (36a) und (36b) folgt zunächst:

$$c_{11} = c_{22} = +p\left(\frac{0{,}102\, p m_2 (1-\sigma) L_1 \mathfrak{J}_{11}^2}{2}\right) \cdot \frac{(1-s)^2}{\beta^2 + (1-s)^2}\ \text{[kgm/B]}, \tag{40}$$

und aus den Gleichungen (36c) und (36e) bei Vernachlässigung äußerer Dämpfungen:

$$d_{11} = d_{22} = +\frac{p}{\omega} \cdot \left(\frac{0{,}102\, p\, m_2\,(1-\sigma)\, L_1\, \mathfrak{J}_{11}^2}{2}\right) \tag{41}$$

$$\frac{(1-\sigma)(1-s)^4 + \alpha\beta^3 - \alpha\beta(1-s)^2 - \beta^2(1-\sigma)(1-s)^2}{\alpha\,[\beta^2 + (1-s)^2]^2}\ \text{[kgm/s]},$$

bzw. aus den Gleichungen (36d) und (36f):

$$d_{12} = d_{21} = -d_{11} = -d_{22}. \tag{42}$$

Dann wird (vgl. die Gleichungen 38 und 39):

$$a_3 = 0 \tag{43}$$

und die Stabilitätsbedingungen vereinfachen sich weiter zu

$$a_1 = (\Theta_1 + \Theta_2)\, d_{11} > 0, \tag{44a}$$

$$a_2 = (\Theta_1 + \Theta_2)\, c_{11} > 0. \tag{44b}$$

Die Bedingung (44b) ist wegen $c_{11} > 0$ stets erfüllt, und es bleibt als einzige Forderung

$$d_{11} > 0. \tag{45}$$

Die Bedingung zerfällt in die Forderungen

$$|1 - s| > \beta \tag{46a}$$

und

$$|1 - s| > \sqrt{\frac{\alpha\beta}{1-\sigma}}\,. \tag{46b}$$

Nun ist immer σ sehr klein gegen 1 und, falls keine besonderen Vorwiderstände in den Verbindungsleitungen beider Maschinen angeordnet werden, $\alpha = \beta$, so daß als einzige Stabilitätsforderung Glei-

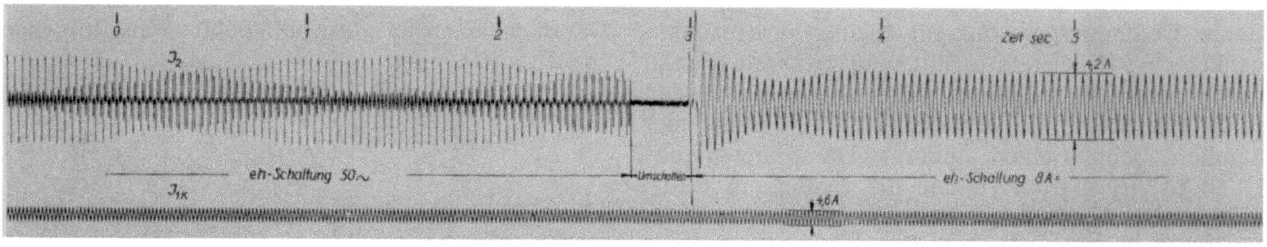

J_2 = Läuferstrom, J_{1k} = Ständerstrom des Antriebmotors.

Bild 15. Überschalten der elektrischen Welle von Wechsel- auf Gleichstromspeisung.

chung (46a) übrig bleibt. Diese ist für die Schlupfwerte s, mit denen ein stabiler Betrieb mit Rücksicht auf die Überlastbarkeit der Welle überhaupt nur möglich ist, immer erfüllt.

Die Gleichstromwelle arbeitet also bei plötzlicher Entlastung und praktisch auch bei kleiner Belastung sogar beim Fehlen äußerer Dämpfungen stets stabil. Zum Veranschaulichen der Stabilitätsbedingung (45) $d_{11} > 0$ geht man am besten auf die Bewegungs-Differenzialgleichungen des Zweimassensystems (31) und (32) zurück. Sie nehmen für den Sonderfall $p\Delta\varphi_0 = 0$ beim Fehlen äußerer Dämpfungen die einfachere Form

$$\ddot{\psi}_1 + \frac{d_{11}}{\Theta_1}(\dot{\psi}_1 - \dot{\psi}_2) + \frac{c_{11}}{\Theta_1}(\psi_1 - \psi_2) = 0\,, \qquad (47)$$

$$\ddot{\psi}_2 - \frac{d_{11}}{\Theta_2}(\dot{\psi}_1 - \dot{\psi}_2) - \frac{c_{11}}{\Theta_2}(\psi_1 - \psi_2) = 0 \qquad (48)$$

an. Zieht man Gleichung (48) von Gleichung (47) ab, so erhält man folgende Differenzialgleichung für die gegenseitige Bewegung der beiden Drehmassen:

$$(\ddot{\psi}_1 - \ddot{\psi}_2) + d_{11}\frac{\Theta_1 + \Theta_2}{\Theta_1\Theta_2}(\dot{\psi}_1 - \dot{\psi}_2) + c_{11}\frac{\Theta_1 + \Theta_2}{\Theta_1\Theta_2}(\psi_1 - \psi_2) = 0, \qquad (49)$$

und erkennt daraus sofort, daß die notwendige Bedingung für ein Abklingen der Schwingung $d_{11} > 0$ ist. Die Kreisfrequenz der ungedämpften Pendelungen ist

$$\Omega = \sqrt{c_{11}\frac{\Theta_1 + \Theta_2}{\Theta_1\Theta_2}} \quad [\mathrm{s}^{-1}]\,. \qquad (50)$$

Diese ist im allgemeinen so niedrig (in der Größenordnung von einigen Hertz), daß die Voraussetzung 5 (langsame Pendelungen im Verhältnis zur Läuferfrequenz) stets erfüllt ist.

Berücksichtigt man die Tatsache, daß beim Fehlen ohmscher Widerstände im Läuferkreis $\beta^2 \ll (1-s)^2$ ist, so nimmt der elektrische Dämpfungskoeffizient d_{11} den Wert

$$d_{11} = + \frac{p}{\omega}\left(\frac{0{,}102\, p\, m_2 (1-\sigma) L_1 \mathfrak{J}_{11}^2}{2}\right)\cdot\frac{1-\sigma}{\alpha}\ [\mathrm{kgm/s}]\,, \qquad (51)$$

an.

Vergleicht man hiermit den entsprechenden elektrischen Dämpfungs-Koeffizienten bei Drehstromspeisung:

$$\tilde{d}_{11} = + \frac{p}{\omega}\left(\frac{0{,}102\, p\, m_2 (1-\sigma) L \mathfrak{J}_{10}^2}{2}\right)\cdot\frac{\beta(\beta^2 - \sigma^2 s^2)}{(\beta^2 + \sigma^2 s^2)^2}\ [\mathrm{kgm/s}], \qquad (52)$$

worin $\mathfrak{J}_{10}$ den Leerlaufstrom bei der Betriebsspannung der elektrischen Welle bedeutet, so kann man durch Division beider Koeffizienten:

$$\frac{\tilde{d}_{11}}{d_{11}} = \left(\frac{\mathfrak{J}_{10}}{\mathfrak{J}_{11}}\right)^2 \cdot \frac{\alpha\beta(\beta^2 - \sigma^2 s^2)}{(1-\sigma)(\beta^2 + \sigma^2 s^2)^2} \qquad (53)$$

zeigen, daß es z. B. durch Vorschalten von ohmschen Widerständen in den Läuferkreis, also durch Vergrößerung von β, unmöglich ist, $\tilde{d}_{11} \geqq d_{11}$ zu machen. Der größte Wert des Quotienten wird nämlich für

$$\bar{\beta} = + \sigma s \cdot \sqrt{3 + 2\sqrt{2}} \qquad (54)$$

erreicht. Setzt man diesen in Gleichung (53) ein, so wird:

$$\left(\frac{\tilde{d}_{11}}{d_{11}}\right)_{\max} = \left(\frac{\mathfrak{J}_{10}}{\mathfrak{J}_{11}}\right)^2 \cdot \frac{\alpha}{\sigma s(1-\sigma)} \cdot \frac{1 + \sqrt{2}}{4\sqrt{3 + 2\sqrt{2}}}\,. \qquad (55)$$

Für die hier untersuchten Wellenmotoren war nun: $\mathfrak{J}_{10} = 3$ A, $\mathfrak{J}_{11} = 7{,}75$ A, $\sigma = 0{,}06$, $\alpha = 0{,}0208$ und $s = 0{,}5$. Damit folgt für den Höchstwert des Dämpfungsverhältnisses

$$\left(\frac{\tilde{d}_{11}}{d_{11}}\right)_{\max} = 0{,}0276\,.$$

Die elektrische Dämpfung bei Gleichstromspeisung ist also wesentlich höher als bei Drehstromspeisung!

Bild 15 zeigt das schnelle Abklingen der beim Überschalten von Wechsel- auf Gleichstromspeisung erzeugten Eigenschwingungen der elektrischen Welle.

b) Der Einfluß großer Drehmassen. Sind die Drehmassen Θ_1 und Θ_2 sehr groß, so kann man in der durch $\Theta_1\Theta_2$ dividierten charakteristischen Gleichung (34) das Glied a_3 vernachlässigen, in dem das Produkt $\Theta_1\Theta_2$ im Nenner vorkommt. Die charakteristische Gleichung vereinfacht sich dann zu einer quadratischen Gleichung

$$a_0\lambda^2 + a_1\lambda + a_2 = 0, \qquad (56)$$

und die Stabilitätsbedingungen lauten

$$a_1 = \Theta_1 d_{22} + \Theta_2 d_{11} > 0, \qquad (57a)$$

$$a_2 = \Theta_1 c_{22} + \Theta_2 c_{11} + (d_{11}d_{22} - d_{12}d_{21}) > 0. \qquad (57b)$$

Beide Bedingungen sind für kleine Verdrehungswinkel $\gamma = p\,\Delta\varphi_0$ stets erfüllt, und zwar auch dann noch, wenn keine äußeren Dämpfungen vorhanden sind. Für kleine Verdrehungswinkel verschwindet nämlich beim Fehlen äußerer Dämpfungen das Glied $(d_{11}d_{22} - d_{12}d_{21})$, und die Bedingung (57b): $a_2 > 0$ ist wegen $c_{22} > 0$, $c_{11} > 0$ erfüllt; übrig bleibt: $d_{11} > 0$ und $d_{22} > 0$. Dies ist der Fall, wenn beim Fehlen äußerer Dämpfungen:

$$(1-s) > \beta\gamma; \tag{58}$$

diese Forderung ist unter normalen Verhältnissen, d. h. $1-s$ in der Größenordnung 0,5···1, $\beta = 0{,}002$ ... 0,05, $\gamma < 1$ (Bogenmaß) ebenfalls stets erfüllt. Man darf daher bei Gleichstromspeisung der Ständerwicklung im Gegensatz zur Drehstromspeisung keine Vorwiderstände in die Läuferwicklungen einschalten.

c) Näherungsbetrachtung für den allgemeinen Fall.

Der schwer übersehbare allgemeine Fall läßt sich dadurch einer analytischen Behandlung zugänglich machen, daß man sich erstens auf kleine Lastwinkel γ beschränkt, für die $\sin\gamma \doteq \gamma$ und $\cos\gamma \doteq 1 - \frac{\gamma^2}{2}$ gilt, und daß man zweitens die Produkte und Quadrate der kleinen Werte α und β vernachlässigt. α und β sind die Verhältnisse der ohmschen Widerstände zu den induktiven Nutzblindwiderständen für den Ständer- und Läuferkreis. Sie liegen in der Größenordnung von einigen Hundertsteln, falls keine Dämpfungswiderstände in den Zuleitungen sind. Unter diesen Voraussetzungen ergeben sich die Elastizitäts- und Dämpfungskoeffizienten aus den Gleichungen (36a)···(36f) zu:

$$c_{11} = -c_{12} = \frac{\mathfrak{C}}{a}(a + b\gamma - a\gamma^2), \tag{59a}$$

$$c_{22} = -c_{21} = \frac{\mathfrak{C}}{a}(a - b\gamma - a\gamma^2), \tag{59b}$$

$$d_{11} = A + K\,(B + C\gamma), \tag{59c}$$

$$d_{22} = E + K\,(B - C\gamma), \tag{59d}$$

$$d_{12} = A - d_{11}, \tag{59e}$$

$$d_{21} = E - d_{22}, \tag{59f}$$

wobei zur Abkürzung gesetzt wurde:

$$\begin{aligned}
\mathfrak{C} &= \frac{0{,}102\,p^2 m_2\,(1-\sigma)\,L_1\,\mathfrak{J}_{11}^2}{2} > 0\,,\\
a &= (1-s)^2 > 0\,,\\
b &= \beta\,(1-s) > 0\,,\\
K &= \frac{1}{\omega}\cdot\frac{\mathfrak{C}}{\alpha a^2} > 0\,,\\
A &= -\frac{\partial G'}{\partial\dot{\varphi}_0} > 0\,,\\
E &= -\frac{\partial G''}{\partial\dot{\varphi}_0} > 0\,,\\
B &= (1-\sigma)(1-s)^4 = (1-\sigma)\,a^2 > 0\,,\\
C &= \beta\,(1-\sigma)(1-s)^3 > 0\,.
\end{aligned} \tag{60}$$

Damit nehmen die a-Koeffizienten die folgenden Werte an:

$$a_0 = \Theta_1\Theta_2 > 0. \tag{61}$$

$$a_1 = \Theta_1 d_{22} + \Theta_2 d_{11} = (\Theta_1 E + \Theta_2 A) + K[B(\Theta_2 + \Theta_1) + C\gamma(\Theta_2 - \Theta_1)]\,. \tag{62}$$

Die Stabilitätsbedingung Gleichung (38a) fordert $a_1 > 0$. Nun ist

$$a_1 > K\,(\Theta_2 + \Theta_1)\,(B - C\gamma). \tag{63}$$

Wenn man also zeigen kann, daß $B > C\gamma$ ist, dann ist die erste Stabilitätsbedingung (38a) bereits erfüllt.

Für $B - C\gamma$ ergibt sich aus Gleichung (60)

$$B - C\gamma = (1-\sigma)\,(1-s)^3\cdot[(1-s) - \beta\gamma] > 0, \tag{64}$$

und diese Bedingung ist üblicherweise immer erfüllt.

$$\begin{aligned}
a_2 &= (\Theta_1 c_{22} + \Theta_2 c_{11}) + (d_{11}d_{22} - d_{12}d_{21}) =\\
&= \frac{\mathfrak{C}}{a}[a(\Theta_2 + \Theta_1)(1-\gamma^2) + b\gamma(\Theta_2 - \Theta_1)] +\\
&\quad + AE + KB(A+E) + KC\gamma(E - A)\\
&> \frac{\mathfrak{C}}{a}(\Theta_1 + \Theta_2)[a(1-\gamma^2) - b\gamma] + K(E+A)(B - C\gamma).
\end{aligned} \tag{65}$$

Wie aus Gleichung (64) hervorgeht, ist der letzte Summand positiv; es braucht also nur gezeigt zu werden, daß $a\,(1-\gamma^2) - b\gamma > 0$ ist.

$$a\,(1-\gamma^2) - b\gamma = (1-s)\,[(1-\gamma^2)\,(1-s) - \beta\gamma]. \tag{66}$$

Auch diese Bedingung ist für nicht allzugroße Werte von γ stets erfüllt. a_2 ist also positiv.

$$\begin{aligned}
a_3 &= c_{11}(d_{22} + d_{21}) + c_{22}(d_{11} + d_{12}) =\\
&= \frac{\mathfrak{C}}{a}\{[a(1-\gamma^2) + b\gamma]\,E + [a(1-\gamma^2) - b\gamma]\,A\}\\
&> \frac{\mathfrak{C}}{a}(E + A)\,[a(1-\gamma^2) - b\gamma]\,.
\end{aligned} \tag{67}$$

Die Stabilitätsbedingung Gleichung (38c): $a_3 > 0$ ist demnach erfüllt, falls $a\,(1-\gamma^2) - b\gamma > 0$ ist; das ist jedoch, wie oben bewiesen, stets der Fall.

Die letzte Stabilitätsbedingung (Gleichung 38b): $a_1 a_2 - a_0 a_3 > 0$ liefert in verschärfter Form:

$$\begin{aligned}
a_1 a_2 - a_0 a_3 &> \{\Theta_1 E + \Theta_2 A + K(\Theta_2 + \Theta_1)(B - C\gamma)\}\\
&\left\{\mathfrak{C}(\Theta_2 + \Theta_1)\left[(1-\gamma^2) - \frac{b}{a}\gamma\right] + K(A+E)(B - C\gamma)\right\} -\\
&- \Theta_1\Theta_2\cdot\mathfrak{C}(A+E)\left[(1-\gamma^2) - \frac{b}{a}\gamma\right] > 0\,;
\end{aligned} \tag{68}$$

diese Bedingung ist, wie man durch Ausmultiplizieren zeigen kann, erfüllt, falls

$B - C\gamma > 0$ Gl. (64) und $a\,(1-\gamma^2) - b\gamma > 0$ Gl. (66)

ist. Das ist, wie oben gezeigt, normalerweise stets der Fall.

Die Stabilitätsbedingungen Gleichung (38a)···(38c) sind also auch für den allgemeinen Belastungsfall bei Gleichstromspeisung stets erfüllt, wenn der Verdrehungswinkel γ (elektrisch) nicht allzu große

Werte annimmt. Sie reduzieren sich auf die zwei Ungleichungen

$$(1-s)-\beta\gamma>0$$

und

$$(1-\gamma^2)(1-s)-\beta\gamma>0$$

oder, wenn man bedenkt, daß die letztere Forderung die schärfere ist, auf:

$$1-s>\frac{\beta\gamma}{1-\gamma^2}\,. \tag{69}$$

Zusammenfassung.

Es werden die Stabilitäts-Bedingungen für eine elektrische Welle aus zwei gleichen Maschinen mit Gleichstromspeisung für die drei praktisch wichtigsten Fälle:

a) der plötzlichen Entlastung,
b) großer Schwungmassen,
c) der schwach belasteten Welle

aufgestellt und im Falle c) einer experimentellen Nachprüfung unterzogen. Im Falle a) muß zur Erzielung eines pendelfreien Betriebes $1-s>\sqrt{\frac{\alpha\beta}{1-\sigma}}$, in den Fällen b) und c) $1-s>\frac{\beta\gamma}{1-\gamma^2}$ sein. Im Gegensatz zur Drehstromwelle dürfen bei Speisung der Ständerwicklungen mit Gleichstrom keine Widerstände in den Läuferkreis der Wellenmotoren eingeschaltet werden.

Lichtbogenkurzschlüsse in Wechselstromnetzen und ihre Erfassung durch Reaktanz- und Impedanzmessungen.

Von A. J. Schmideck, Apparatefabriken Treptow.

1. Teil.

Der einseitig gespeiste Lichtbogen-Kurzschluß.

Die Eigenschaften des Kurzschlußlichtbogens werden unter Zugrundelegung der wahren Bogenspannungsform ermittelt. Ihre Auswirkung auf die Erfassung von einseitig gespeisten Lichtbogenkurzschlüssen durch Reaktanz- und Impedanzmessungen wird untersucht.

Aufgabe und Gliederung der Arbeit.

Der Lichtbogen spielt auf vielen Anwendungsgebieten der Elektrotechnik eine wichtige Rolle, sei es als Arbeitslichtbogen (wie in der Beleuchtungs- und Schweißtechnik), sei es als Störlichtbogen (wie in der Selektivschutztechnik). Schaltungsmäßig wurde der Lichtbogenwiderstand bisher durch die Beziehung $e = i \cdot r$ berücksichtigt, also als konstanter, ohmscher Widerstand in den Schaltgleichungen eingeführt[1]). Diese Annahme kann natürlich nicht den geringsten Anspruch erheben, die wirklichen Verhältnisse auch nur annähernd richtig zu erfassen, wie ein Vergleich der tatsächlichen Lichtbogencharakteristik mit der gemäß obiger Beziehung angenommenen an Hand von Bild 1 zeigt. Wir sehen bei der tatsächlichen (statischen) Charakteristik die Tendenz, die Bogenspannung mit wachsendem Strome zu vermindern; bei der statischen Ersatzcharakteristik steigt sie proportional dem Strome an. Bild 1 stellt die statischen Kennlinien dar; in Bild 2 sind die dynamischen Kennlinien verzeichnet. Die Annahme $e = i \cdot r$ bedeutet also, daß die wirkliche Lichtbogenspannungscharakteristik von annähernd rechteckförmiger Form durch eine sinusförmige Lichtbogenspannung ersetzt wird. Bei dieser Annahme besteht auch große Unsicherheit in der Wahl des Lichtbogenwiderstandswertes, da ja der Kurzschlußstrom erst berechnet werden soll.

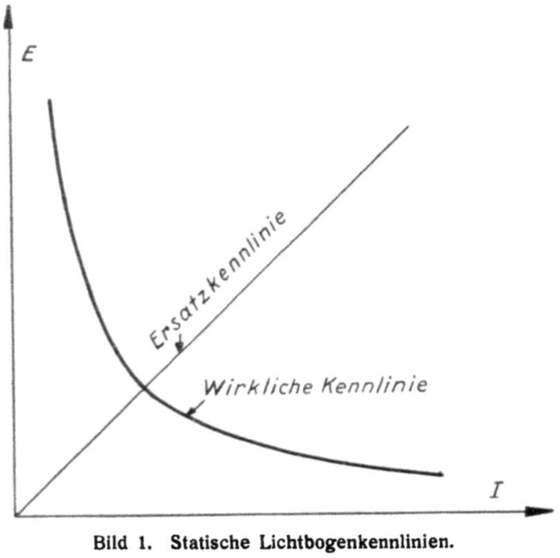

Bild 1. Statische Lichtbogenkennlinien.

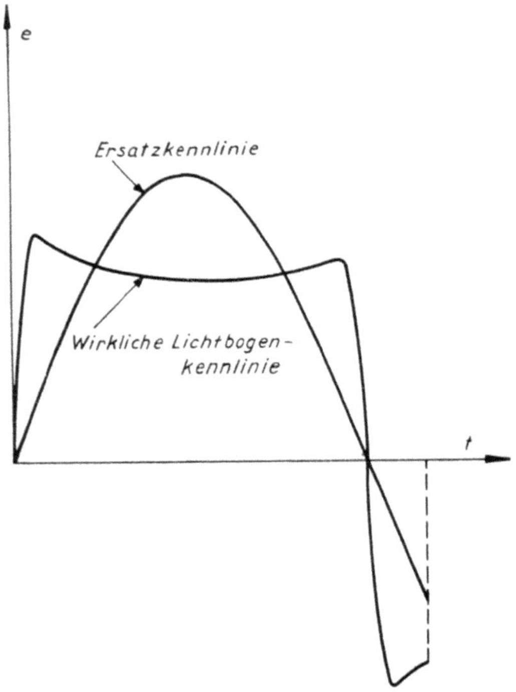

Bild 2. Dynamische Kennlinien.

In dieser am 20. 6. 39 beendeten Arbeit wird daher der Versuch gemacht, durch Berücksichtigen der wahren Bogenspannungsform den bei Kurzschluß auf der Leitung bestehenden tatsächlichen Strom- und Spannungsverhältnissen möglichst nahe zu kommen und auf diese Weise Aufschluß über das zu erwartende meßtechnische Verhalten von Reaktanz- und Impedanzrelais zu erhalten.

Im ersten Teil der Arbeit wird das meßtechnische Erfassen von einseitig gespeisten Lichtbogenkurzschlüssen behandelt, während in der Fortsetzung der Arbeit der zweiseitig gespeiste Lichtbogenkurzschluß und der Einfluß von Lichtbogenparallelwiderständen betrachtet werden soll. Die Betrachtung der rechteckförmigen Lichtbogenspannungsform wird auf beliebige Netzwinkel ausgedehnt; neben der von H. Strauch[2]) allein behandelten

[1]) s. auch Manfred Schleicher, Die moderne Selektivschutztechnik 1936, 115 ff.

[2]) s. auch H. Strauch, Arch. Elektrotechn. 33 (1939), 465, 505 und 547.

Fourierzerlegung wird auch die geschlossene Lösungsform behandelt. Der Vergleich beider Lösungsformen führt zu einer Reihe für $\frac{\mathfrak{Tg}\, x}{x}$, von welcher die auch von Strauch angegebene Reihe für $\frac{\pi^2}{8}$ nur einen für rein induktive Belastung geltenden

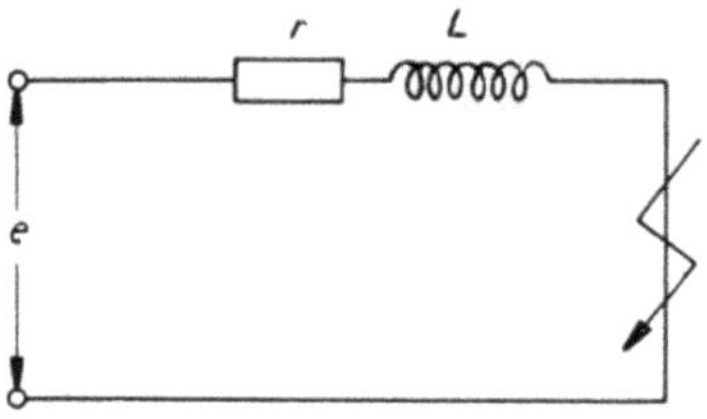

Bild 3. Ersatzschaltung des einseitig gespeisten Lichtbogenkurzschlusses.

Sonderfall vorstellt. Für diesen Sonderfall hat schon R. Rüdenberg[3]) die Lösung in geschlossener Form angegeben.

Die Lichtbogeneigenschaften bei rechteckförmiger Bogenspannung.

Wir wollen vorläufig unsere Betrachtungen auf ohmisch-induktiv belastete, einseitig gespeiste Kreise einschränken und erhalten also die in Bild 3 dargestellte Schaltung. Die Netzspannung e folge einer reinen Sinuskurve, ihre Frequenz sei 50 Hz. Beginnt ein Strom zu fließen, so entsteht am Lichtbogen eine Gegenspannung, die gleichzeitig mit dem Lichtbogenstrom durch Null geht und gegenüber der Netzspannungskurve um den in der Folge als Nacheilwinkel bezeichneten Winkel φ_0 zurückbleibt. In Hoch- und Mittelspannungsnetzen ist diese Bogenspannung fast vollkommen rechteckförmig, es ergeben sich daher die in Bild 4 dargestellten Verhältnisse. Als Anfangspunkt der Zeitzählung wählen wir den Augenblick, in dem die Bogenspannung (und damit auch der

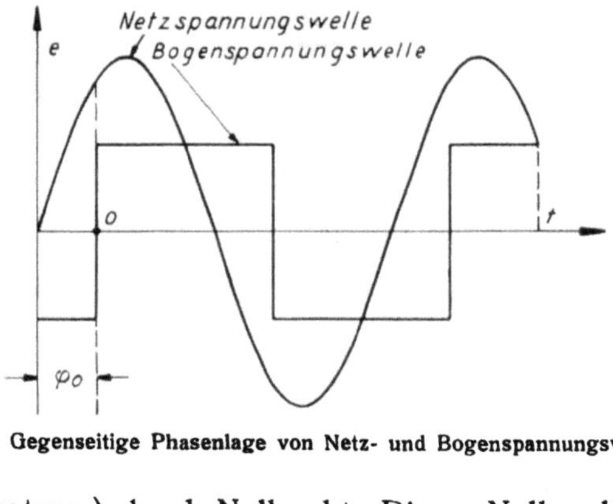

Bild 4. Gegenseitige Phasenlage von Netz- und Bogenspannungswelle.

Bogenstrom) durch Null geht. Dieser Nullpunkt ist in Bild 4 eingezeichnet. Die Differentialgleichung für den Strom kann sowohl in geschlossener, als in Reihenform angeschrieben werden. Beide Fälle sind nachstehend behandelt.

[3]) R. Rüdenberg, Elektrische Schaltvorgänge, Berlin 1923, 205 ff.

Lösung der Stromgleichung in geschlossener Form.

In diesem Falle lautet die Stromgleichung:

$$\mathfrak{E} \cdot \sin\,(x+\varphi_0) - E = i \cdot r + i' \cdot L. \qquad (1)$$

Für den Strom i ergibt sich mit den Abkürzungen $x = \omega t$ und $\varrho = \frac{r}{\omega L}$ der Ausdruck

$$i = K \cdot \varepsilon^{-\varrho \cdot x} - \left[\frac{\mathfrak{E}}{\omega L} \cdot \frac{\cos\,(x+\varphi_0+\operatorname{arctg}\varrho)}{\sqrt{1+\varrho^2}} + \frac{E}{\omega L} \cdot \frac{1}{\varrho}\right]. \quad (2)$$

Die Nullbedingung $|i|_{x=0} = 0$ liefert für K die Beziehung

$$K = \frac{\mathfrak{E}}{\omega L} \cdot \left[\frac{\cos\,(\varphi_0 + \operatorname{arctg}\varrho)}{\sqrt{1+\varrho^2}} + \frac{E}{\mathfrak{E}} \cdot \frac{1}{\varrho}\right]. \qquad (3)$$

Im stationären Zustand, also praktisch nach einigen Stromschwingungen, muß die Symmetriebedingung $|i|_{x=\pi} = -|i|_{x=0}$ erfüllt sein. Sie liefert für den als zweite Integrationskonstante fungierenden Nacheilwinkel φ_0 die Beziehung

$$\sqrt{1+\varrho^2} \cdot \cos\,(\varphi_0 + \operatorname{arctg}\varrho) = \lambda \cdot S; \qquad (4)$$

in dieser Formel ist λ bzw. S wie folgt definiert:

$$\lambda = \frac{4}{\pi} \cdot \frac{E}{\mathfrak{E}} \text{ und } S = \frac{\pi^2}{8} \cdot (1+\varrho^2) \cdot \frac{\mathfrak{Tg}\,\frac{\varrho\pi}{2}}{\frac{\varrho\pi}{2}}. \qquad (5)$$

Unter Benutzung der Beziehungen (3) und (4) ergibt sich für den Bogenstrom der Ausdruck

$$i = \frac{\mathfrak{E}}{\omega L} \left\{\frac{\pi}{4} \cdot \frac{\lambda}{\varrho} \cdot \left[\frac{2 \cdot \varepsilon^{-\varrho x}}{1+\varepsilon^{-\varrho\pi}} - 1\right] - \frac{\cos\,(x+\varphi_0+\operatorname{arctg}\varrho)}{\sqrt{1+\varrho^2}}\right\}. \qquad (6)$$

Kontinuitätsbedingung (geschlossene Form).

Soll der Lichtbogenstrom tatsächlich kontinuierlich fließen, so muß er im Zeitpunkte seines Nullganges ansteigende Tendenz haben. Es muß also gelten: $|i'|_{x=0} \geqq 0$. Diese Bedingung sei als Kontinuitätsbedingung bezeichnet. Sie liefert λ_{max}, d. h. denjenigen (größten) Verhältniswert zwischen der Grundwellenamplitude der Bogenspannung zur Netzspannungsamplitude, bei dem der Lichtbogenstrom gerade noch lückenlos fließt. Für λ_{max} ergibt sich mit der Abkürzung $\alpha = \frac{2\varrho}{1-\varepsilon^{-\varrho\pi}}$ die Beziehung

$$\lambda_{max} = \frac{1}{S} \cdot \sqrt{\frac{1+\varrho^2}{1+\alpha^2}}. \qquad (7)$$

Lösung der Stromgleichung in Reihenform.

Zerlegt man die konstante Lichtbogenspannung E nach Fourier in ihre Komponenten, so ergibt sich Gleichung (1) in der Form

$$\mathfrak{E} \cdot \sin\,(x+\varphi_0) - \frac{4}{\pi} \cdot E \cdot \left(\sin x + \frac{1}{3} \cdot \sin 3x + \frac{1}{5} \cdot \sin 5x + \ldots\right) = i \cdot r + i' \cdot L. \quad (8)$$

Faßt man in dieser Gleichung noch die Netzspannungswelle und die Grundschwingung der Bogenspannungswelle zusammen, so erhält man die Ausgangs-Differentialgleichung zur Berechnung des Bogenstromes in der Gestalt

$$\mathfrak{E}\cdot\left[\varkappa\cdot\sin(x+\psi)-\lambda\cdot\sum_{n=1}^{n=\infty}\frac{\sin(2n+1)}{(2n+1)}\right]=i\cdot r+i'\cdot L. \qquad (9)$$

Hierin ist

$$\varkappa=\sqrt{1-2\lambda\cdot\cos\varphi_0+\lambda^2},\quad \psi=\operatorname{arctg}\frac{\sin\varphi_0}{\cos\varphi_0-\lambda}\ \text{ und }\ \lambda=\frac{4}{\pi}\cdot\frac{E}{\mathfrak{E}}. \qquad (10)$$

Für den Bogenstrom ergibt sich folgende Lösung:

$$i=K\cdot\varepsilon^{-\varrho x}-\frac{\mathfrak{E}}{\omega L}\cdot\left\{\frac{\varkappa\cdot\cos(x+\psi+\operatorname{arctg}\varrho)}{\sqrt{1+\varrho^2}}-\lambda\sum_{n=1}^{n=\infty}\frac{\cos\left[(2n+1)\,x+\operatorname{arctg}\frac{\varrho}{2n+1}\right]}{(2n+1)\cdot\sqrt{\varrho^2+(2n+1)^2}}\right\}. \qquad (11)$$

Aus der Nullbedingung $|i|_{x=0}=0$ folgt für K der Ausdruck

$$K=\frac{\mathfrak{E}}{\omega L}\cdot\left\{\frac{\varkappa\cdot\cos(\psi+\operatorname{arctg}\varrho)}{\sqrt{1+\varrho^2}}-\lambda\cdot\sum_{n=1}^{n=\infty}\frac{1}{\varrho^2+(2n+1)^2}\right\}. \qquad (12)$$

Die im stationären Zustande bestehende Symmetriebedingung $|i|_{x=\pi}=-|i|_{x=0}$ liefert für den Nacheilwinkel φ_0 die Beziehung

$$\sqrt{1+\varrho^2}\cdot\cos(\varphi_0+\operatorname{arctg}\varrho)=\lambda\cdot(1+\varrho^2)\cdot\sum_{n=1}^{n=\infty}\frac{1}{\varrho^2+(2n+1)^2}. \qquad (13)$$

Das Bestehen dieser Beziehung macht die Integrationskonstante K nach (12) zu Null. Für den Strom i ergibt sich daher die Gleichung

$$i=-\frac{\mathfrak{E}}{\omega L}\cdot\left\{\frac{\varkappa\cdot\cos(x+\psi+\operatorname{arctg}\varrho)}{\sqrt{1+\varrho^2}}-\lambda\cdot\sum_{n=1}^{n=\infty}\frac{\cos\left[(2n+1)\,x+\operatorname{arctg}\frac{\varrho}{2n+1}\right]}{(2n+1\cdot\sqrt{\varrho^2+(2n+1)^2}}\right\}. \qquad (14)$$

Für diesen Ausdruck können wir auch folgende Gleichung (6) entsprechende Schreibweise wählen:

$$i=\frac{\mathfrak{E}}{\omega L}\cdot\left\{\frac{\pi}{4}\cdot\frac{\lambda}{\varrho}\cdot\left[\frac{4}{\pi}\sum_{n=0}^{n=\infty}\frac{\sin\left[(2n+1)\,x+\operatorname{arctg}\frac{\varrho}{2n+1}\right]}{\sqrt{\varrho^2+(2n+1)^2}}-1\right]-\frac{\cos(x+\varphi_0+\operatorname{arctg}\varrho)}{\sqrt{1+\varrho^2}}\right\}. \qquad (14a)$$

Kontinuitätsbedingung (Reihenform).

Für λ_{max} erhält man jetzt die Beziehung

$$\lambda_{max}=\frac{1}{(1+\varrho^2)\cdot\Sigma}\cdot\sqrt{\frac{1+\varrho^2}{1+\left(\frac{\varrho\cdot\Sigma+\pi/4}{\Sigma}\right)^2}}. \qquad (15)$$

Darin ist abgekürzt geschrieben Σ statt

$$\sum_{n=0}^{n=\infty}\frac{1}{\varrho^2+(2n+1)^2}.$$

Vergleich zwischen beiden Lösungsformen.

Durch Vergleich der einander entsprechenden Gleichungen (4) und (13) erhält man bei Beachtung der Definitionsgleichung (5) die mathematisch interessante Beziehung

$$\frac{\pi^2}{8}\cdot\frac{\mathfrak{Tg}\,\frac{\varrho\pi}{2}}{\frac{\varrho\pi}{2}}=\sum_{n=0}^{n=\infty}\frac{1}{\varrho^2+(2n+1)^2}. \qquad (16)$$

Für den Fall $\varrho=0$, d. h. für rein induktive Belastung, ergibt sich zunächst die Reihenentwicklung

$$\frac{\pi^2}{8}=\sum_{n=0}^{n=\infty}\frac{1}{(2n+1)^2}\ \text{ und daraus weiter }\ \frac{\pi^2}{24}=\sum_{n=1}^{n=\infty}\frac{1}{(2n)^2}.$$

Der unmittelbare Vergleich von (4) und (13) ergibt für S den Ausdruck

$$S=(1+\varrho^2)\cdot\sum_{n=0}^{n=\infty}\frac{1}{\varrho^2+(2n+1)^2}. \qquad (17)$$

Der Vergleich der durch die Gleichungen (7) und (15) dargestellten Kontinuitätsbedingungen liefert nichts neues, da (15) bei Beachtung von (16) und (17) in (7) übergeht.

Darstellung der Kontinuitätsbedingung.

In Bild 5 sind die zur Aufrechterhaltung eines lückenlos fließenden Lichtbogenstromes notwendigen Mindestspannungsverhältnisse $\left(\frac{\mathfrak{E}}{E}\right)_{min}$ bzw. deren Reziprokwerte in Abhängigkeit von $\cos\varphi$ dargestellt. Man sieht, daß mit zunehmenden $\cos\varphi$-Werten auch die auf die Lichtbogenspannung bezogene notwendige Treibspannung rasch anwächst. Das Bild erklärt also in anschaulicher Weise die mit besser werdendem $\cos\varphi$ wachsende Instabilität des Wechselstromlichtbogens.

Darstellung des Verschiebungsbereiches der Bogenstromsummenwelle. Der größte Wert, den der Nacheilwinkel $\cos\varphi$ annehmen kann, ergibt sich aus Gleichung (4) für $\lambda=0$ zu

$$(\varphi_0)_{\max} = \frac{\pi}{2} - \operatorname{arctg} \varrho\ . \tag{18}$$

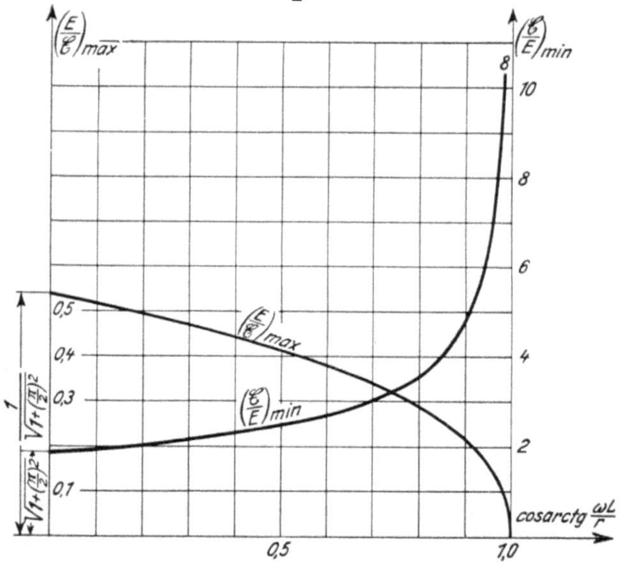

Bild 5. Zur Aufrechterhaltung eines lückenfreien Lichtbogens notwendige Mindestspannungsverhältnisse $\left(\frac{\mathfrak{E}}{E}\right)$ und ihre Reziprokwerte $\left(\frac{E}{\mathfrak{E}}\right)$ in Abhängigkeit von $\cos\varphi$.

Der kleinste Wert, den φ_o annehmen kann, tritt bei dem Werte $\lambda=\lambda_{\max}$ auf und berechnet sich aus (4) und der Definitionsgleichung (7) für $\lambda_{\max}$ zu

$$(\varphi_0)_{\min} = \arccos \frac{1}{\sqrt{1+\alpha^2}} - \operatorname{arctg} \varrho\ . \tag{19}$$

Im Bild 6 sind diese beiden Extremwerte von φ_o in Abhängigkeit von $\cos\varphi$ dargestellt.

Darstellung des Verschiebungsbereiches der Bogenstromgrundwelle. Als Lichtbogenwinkel φ_B sei die Phasenverschiebung zwischen der Grundwelle der am Lichtbogen liegenden Spannung und der Grundwelle des Bogenstromes bezeichnet, die sich aus Gleichung (14) als Winkeldifferenz $\left(\operatorname{arctg}\frac{1}{\varrho} - \psi\right)$ ergibt. Mit Zuhilfenahme der Beziehungen (4), (7) und (10) erhält man für den Lichtbogenwinkel den Ausdruck

$$\sin\varphi_B = \sin\left(\operatorname{arctg}\frac{1}{\varrho} - \psi\right) = \frac{(S-1)}{\sqrt{(S-1)^2 + \left[S\sqrt{\frac{1+\alpha^2}{v^2}} - 1 - \varrho\right]^2}}\ . \tag{20}$$

Der größte Wert, den der Lichtbogenwinkel annehmen kann, gehört zu $\lambda=\lambda_{\max}$ oder zu $v=1$ und berechnet sich nach Gleichung (20) zu

$$(\varphi_B)_{\max} = \left(\operatorname{arctg}\frac{1}{\varrho} - \psi\right)_{\max} = \operatorname{arc\,sin} \frac{(S-1)}{\sqrt{(S-1)^2 + (\alpha S - \varrho)^2}}\ . \tag{21}$$

Der kleinste Wert, den der Lichtbogenwinkel annehmen kann, ergibt sich für $\lambda=0$ ebenfalls zu Null, d. h.: An der unteren Betriebsgrenze, der Kontinuitätsgrenze, ist die Phasenverschiebung zwischen den Grundwellen von Lichtbogenspannung und Lichtbogenstrom am größten und nimmt mit wachsenden Werten von $\frac{\mathfrak{E}}{E}$ bis zum Werte Null für $\frac{\mathfrak{E}}{E}=\infty$ an der oberen Betriebsgrenze ab. Die Grundharmonische des Lichtbogenstromes eilt also der sinusförmigen Netzspannungswelle um einen zwi-

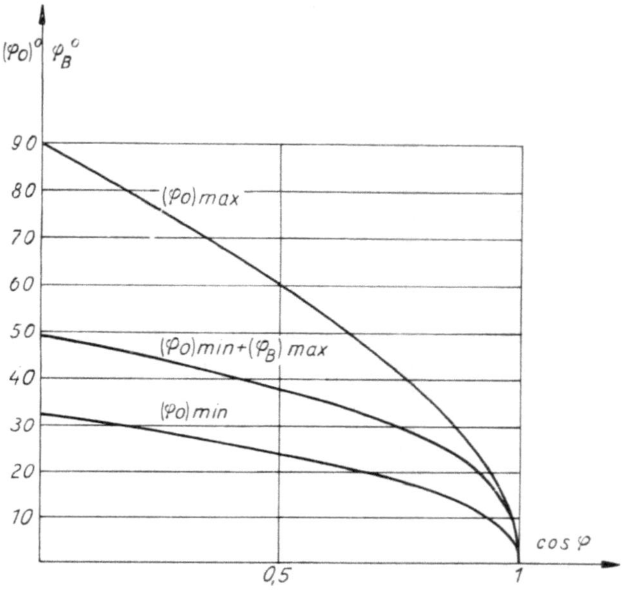

Bild 6. Verschiebungsbereich des Nacheilwinkels der Bogenstrom-Summenwelle gegenüber der Netzspannung $[(\varphi_o)\min \cdots (\varphi_o)\max]$. Verschiebungsbereich des Nacheilwinkels der Bogenstrom-Grundwelle gegenüber der Netzspannung $[(\varphi_o)\min + (\varphi_B)\max \cdots (\varphi_o)\max]$.

schen den Winkelwerten $[(\varphi_o)_{\min}+(\varphi_B)_{\max}]$ und $(\varphi_o)_{\max}$ liegenden Winkelwert nach. In Bild 6 ist der Verlauf der Winkelwerte $[(\varphi_o)_{\min}+(\varphi_B)_{\max}]$ ebenfalls eingetragen.

Darstellung des Stromverlaufes an der Kontinuitätsgrenze.

Nach Gleichung (6) besteht der Lichtbogenstrom i_B aus einer cos-Welle und einer der Größe λ proportionalen, in ihrer Form von ϱ abhängigen Zusatzwelle. Diese Zusatzwelle hat für $\lambda=\lambda_{\max}$, also beim Betriebe auf der Kontinuitätsgrenze, den stärksten Einfluß. Wir betrachten daher nur diesen Fall.

Führt man λ_{max} mit seinem durch (7) definierten Wert in (6) ein, so ergibt sich die Beziehung

$$\left|\frac{\omega L}{\mathfrak{E}} \cdot i_B\right|_{\lambda = \lambda_{max}} = -\frac{\cos(x + \mathrm{arctg}\,\alpha)}{\sqrt{1+\varrho^2}} + \frac{1}{\sqrt{1+\alpha^2}} \cdot \frac{2\,\varepsilon^{-\varrho x} - (1 + \varepsilon^{-\varrho \pi})}{\sqrt{1+\varrho^2} \cdot (1 - \varepsilon^{-\varrho \pi})} \,. \tag{22}$$

Für die Grundharmonische i_l des Lichtbogenstromes ergibt sich nach Gleichung (14) der Ausdruck

$$\frac{\omega L}{\mathfrak{E}} \cdot i_1 = \frac{\varkappa \cdot \sin\left(x + \psi - \mathrm{arctg}\,\frac{1}{\varrho}\right)}{\sqrt{1+\varrho^2}} \,. \tag{23}$$

Für $\lambda = \lambda_{max}$ erhält man mit Zuhilfenahme der Beziehungen (4), (7) und (10) die spezielle Beziehung

$$\left|\frac{\omega L}{\mathfrak{E}} \cdot i_1\right|_{\lambda = \lambda_{max}} = \frac{1}{S} \cdot \sqrt{\frac{(S-1)^2 + (\alpha S - \varrho)^2}{(1+\varrho^2)(1+\alpha^2)}} \cdot \sin\left(x - \mathrm{arctg}\,\frac{S-1}{\alpha S - \varrho}\right) \,. \tag{24}$$

Im Bild 7 ist der Verlauf der Stromkurven für den Fall $\varrho = 0$ dargestellt. Der Lichtbogenstrom besteht aus der dünn ausgezogenen $\cos\varphi$-Welle und der ebenfalls dünn ausgezogenen dreieckförmigen Zusatzwelle, die sich zu der stark ausgezogenen Summenwelle i_B zusammensetzen. Die gestrichelt gezeichnete Kurve i_1 stellt die Grundharmonische des Lichtbogenstromes dar. Sie eilt der Grundharmonischen der Lichtbogenspannung um den Lichtbogenwinkel

$$\varphi_B = \mathrm{arctg}\,\frac{S-1}{\alpha S - \varrho} = \mathrm{arctg}\,\frac{\pi}{2}\left(1 - \frac{8}{\pi^2}\right) = 15^0 42'$$

nach.

In Bild 8 ist der Verlauf der Stromkurven für den Fall $\varrho = 1$ dargestellt. Die einzelnen Kurven haben dieselbe Bedeutung wie früher. Der Lichtbogenwinkel φ_B beträgt jetzt nur noch 12° 41′. Die Zusatzwelle ist nicht mehr dreieckförmig, sondern nach unten durchgebogen, wodurch eine Annäherung an die Rechteckform stattfindet. Je größer ϱ wird, desto weiter nach links wandert der Punkt m, desto rechteckförmiger wird also die Zusatzwelle; gleichzeitig sinkt ihr verhältnismäßiger Anteil an der Summenwelle i_B auf Kosten der $\cos\varphi$-Komponente. Für sehr große Werte von ϱ besteht zwischen der Grundharmonischen des Bogenstromes und der $\cos\varphi$-Welle Amplitudengleichheit, d. h. die Zusatzkomponente muß praktisch verschwinden. Sie besteht in diesem Falle aus einer im negativen Gebiete liegenden Rechteckkurve, deren Höhe $\frac{1}{2\varrho^2}$ beträgt, also 2ϱmal kleiner ist als die $\frac{1}{\varrho}$ betragenden Amplitudenwerte der Grundharmonischen des Lichtbogenstromes und der $\cos\varphi$-Welle. Das bedeutet aber nach Gleichung (6), daß jetzt auch die Lichtbogenspannung E 2ϱmal kleiner sein muß, als die Netzspannungsamplitude $\mathfrak{E}$.

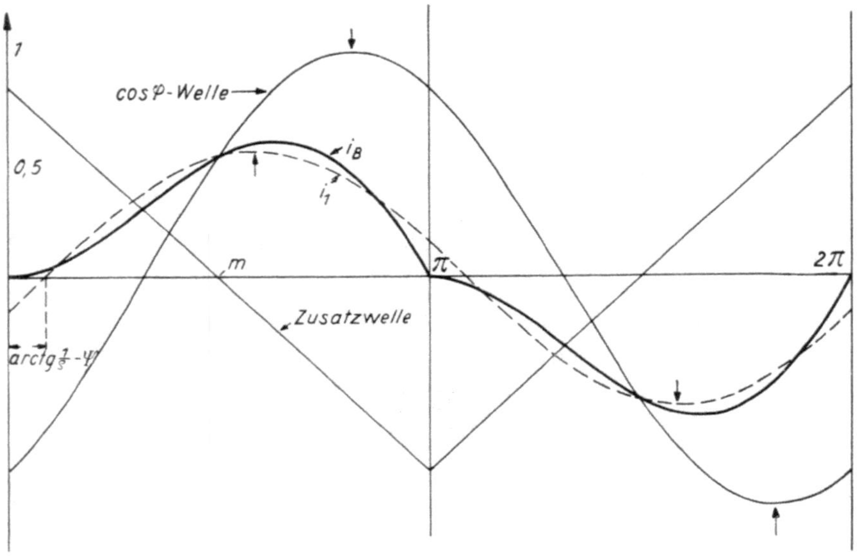

Bild 7. Stromverlauf an der Kontinuitätsgrenze bei $\cos\varphi = 0$ ($r = 0$).

An dieser Stelle sei auf einen Aufsatz hingewiesen, in dem die bei Ventilsteuerung auftretenden Stromformen behandelt werden[4]). Unseren Verhältnissen entspricht der Fall der Vollaussteuerung, also der Wert Null des in diesem Aufsatz mit α bezeichneten Aussteuerungswinkels. Auch in diesem Falle stellt sich der Summenstrom als Überlagerung des bei Dauereinschaltung fließenden Vollaststromes mit einem nach einer ε-Funktion abklingenden Aus-

[4]) O. Mohr, Zur Berechnung der Strom- und Spannungsverhältnisse stromgerichteter Widerstandsschweißmaschinen, Jahrb. d. AEG-Forschung 8 (1941), 55.

gleichstrome dar, wobei aber zum Unterschiede gegenüber unseren Verhältnissen diese beiden Stromkomponenten mit dem Werte Null beginnen, also nicht mit entgegengesetzt gleichen Werten. Die Ursache dieses unterschiedlichen Verhaltens liegt in dem Umstande, daß der Stromverlauf bei der Ventilsteuerung für Aussteuerungswinkel $\alpha \geqq 0$ aus einer Folge einzelner Einschaltstromstöße besteht, die voneinander ganz unabhängig sind.

$$X_r = \omega L \cdot \sqrt{1+\varrho^2} \cdot \frac{\lambda}{\varkappa} \cdot \sin\left(\operatorname{arctg}\frac{1}{\varrho} = \psi\right) . \quad (25)$$

Bei Beachtung von (4) und (10) ergibt sich weiter:

$$\frac{X_r}{\omega L} = \left(\frac{\lambda}{\varkappa}\right)^2 \cdot (S-1) \cdot \quad (26)$$

Diese Gleichung drückt in knappster Form ein sehr wichtiges Ergebnis unserer bisherigen Betrachtung aus. Wäre die Lichtbogen-Gegenspannung oberwellenfrei, so wäre S nach Gleichung (17) gleich 1

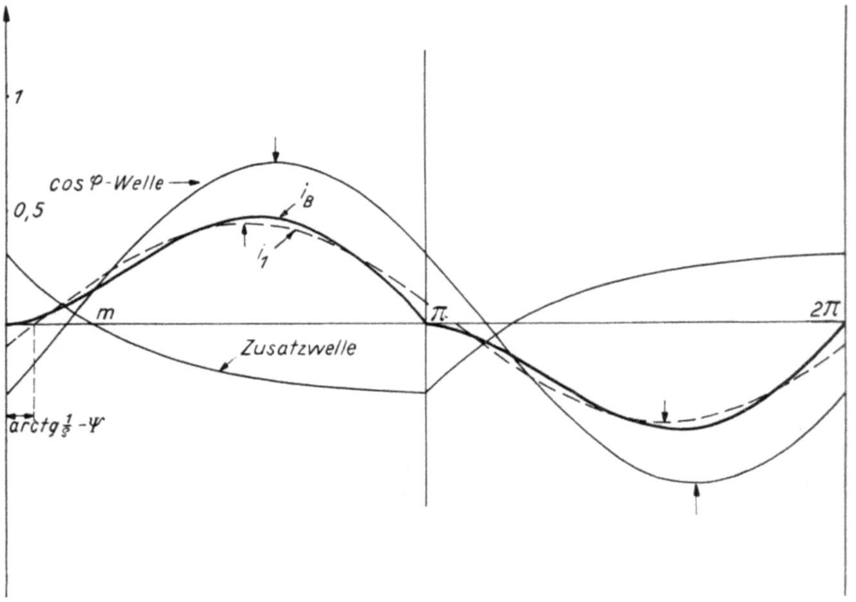

Bild 8. Stromverlauf an der Kontinuitätsgrenze bei cos $\varphi = 1$ ($r = \omega L$).

Im Gegensatze hierzu handelt es sich bei dem in den Bildern 7 und 8 dargestellten Stromverlaufe um einen echten stationären Zustand, der erst über einen unsymmetrischen Einschwingvorgang allmählich erreicht wird. Bei der Ventilsteuerung kann sich ein solcher echter stationärer Zustand aber erst bei negativen Werten des Aussteuerungswinkels α ausbilden. Solche werden aber dort aus folgenden Gründen nicht zugelassen: erstens wegen des notwendigerweise einseitig verlaufenden Einschwingvorganges und zweitens wegen der durch Unterschiede in den Rohrdaten bedingten ungleichen Ausbildung beider Stromhälften auch im stationären Zustand.

Darstellung der scheinbaren Lichtbogenreaktanz je Blindohm $\frac{X_r}{\omega L}$.

Die Lichtbogenreaktanz X_r wird durch den imaginären Teil des aus den Grundharmonischen von Bogenspannung und Bogenstrom gebildeten Quotienten

$$\frac{\lambda \cdot \mathfrak{E}}{\frac{\mathfrak{E}}{\omega L} \cdot \frac{\varkappa}{\sqrt{1+\varrho^2}} \cdot \varepsilon^{j\left(\psi - \operatorname{arctg}\frac{1}{\varrho}\right)}} = \omega L \cdot \sqrt{1+\varrho^2} \cdot \frac{\lambda}{\varkappa} \cdot \varepsilon^{j\left(\operatorname{arctg}\frac{1}{\varrho} - \psi\right)}$$

dargestellt, ist also durch folgenden Ausdruck gegeben:

und X_r daher gleich Null. Der Lichtbogen hätte also in diesem Falle tatsächlich den Charakter eines Wirkwiderstandes und die Amplitude der in diesem Falle sinusförmigen Lichtbogengegenspannung könnte für beliebige Werte von ϱ bis zur Netzspannungsamplitude anwachsen.

Setzt man $\lambda = x \cdot \lambda_{\max}$, so ergibt sich bei Beachtung der Beziehungen (4), (7) und (10) Gleichung (26) in folgender Form:

$$\frac{X_r}{\omega L} = \frac{(1+\varrho^2)\cdot(S-1)}{(S-1)^2 + \left[S \cdot \sqrt{\frac{1+\alpha^2}{x^2}} - 1 - \varrho\right]^2} . \quad (27)$$

Man erkennt, daß dieser Ausdruck mit abnehmenden Werten von x bzw. mit wachsenden Werten von λ größer wird. Für $x=1$, also für $\lambda = \lambda_{\max}$, erreicht er seinen Größtwert, der durch folgende Beziehung gegeben ist:

$$\left(\frac{X_r}{\omega L}\right)_{\max} = \frac{(1+\varrho^2)\cdot(S-1)}{(S-1)^2 + (\alpha S - \varrho)^2} . \quad (28)$$

Im Bild 9 ist $\frac{X_r}{\omega L}$ für verschiedene Parameterwerte ϱ in Abhängigkeit von $\frac{E}{\mathfrak{E}}$ dargestellt. Die gestrichelt gezeichnete Linie stellt die Kontinuitätsgrenze dar, jenseits der der Lichtbogen nicht mehr lückenfrei brennt und instabil ist. Der größte Reaktanzwert wird bei rein induktiver Belastung

$(\varrho=0)$ für $\lambda=\lambda_{\max}=\dfrac{\frac{4}{\pi}}{\sqrt{1+\left(\frac{\pi}{2}\right)^2}}$, also im Punkte A

gemessen. Er beträgt etwas über $\frac{1}{3}$ Ohm je Leitungsblindohm $\left[34{,}804\%=\dfrac{100\cdot\left(\frac{\pi^2}{8}-1\right)}{1-\frac{\pi^2}{8}\cdot\left(1{,}5-\frac{\pi^2}{8}\right)}\right]$.

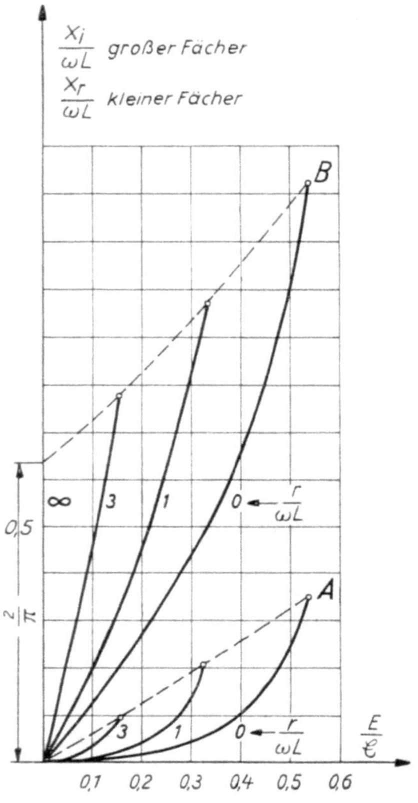

Bild 9. Scheinbare Lichtbogenreaktanz je Blindohm $\frac{(X_r)}{(\omega L)}$ und scheinbare Lichtbogenimpedanz je Blindohm $\frac{(X_i)}{(\omega L)}$ als Funktion von $\frac{E}{\mathfrak{E}}$.

Im Bild 11 sind die an der Kontinuitätsgrenze bestehenden Werte $\left(\frac{X_r}{\omega L}\right)_{\max}$ in anderer Weise, nämlich als Funktion von $\cos\varphi$, noch einmal dargestellt.

Darstellung der scheinbaren Lichtbogenimpedanz je Blindohm $\frac{X_i}{\omega L}$.

Die Lichtbogenimpedanz X_i ist durch den Amplituden-Quotienten gegeben:

$$\frac{\frac{\lambda\cdot\mathfrak{E}}{\varkappa\cdot\mathfrak{E}}}{\omega L\cdot\sqrt{1+\varrho^2}}=\omega L\cdot\frac{\lambda}{\varkappa}\cdot\sqrt{1+\varrho^2}. \qquad (29)$$

Dieser Ausdruck geht bei Beachtung der Gleichungen (4), (7) und (10) in folgende Form über:

$$\frac{X_i}{\omega L}=\frac{1+\varrho^2}{\sqrt{(S-1)^2+\left[S\cdot\sqrt{\frac{1+\alpha^2}{x^2}}-1-\varrho\right]^2}}. \qquad (30)$$

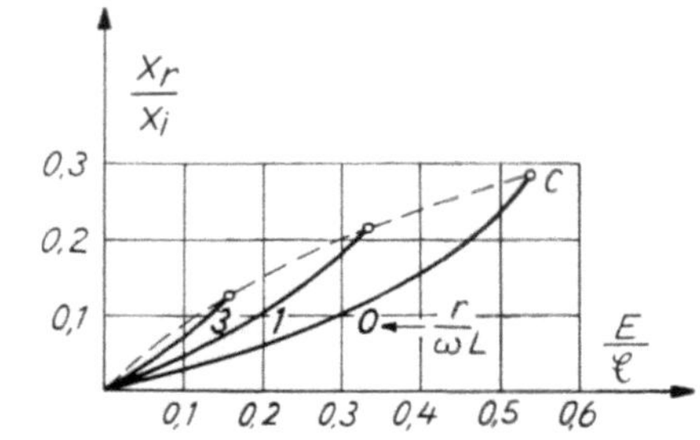

Bild 10. Verhältniswerte $\frac{X_r}{X_i}$ der scheinbaren Lichtbogenreaktanz zur scheinbaren Lichtbogenimpedanz als Funktion von $\frac{E}{\mathfrak{E}}$.

Man erkennt, daß auch $\frac{X_i}{\omega L}$ seinen Größtwert für $x=1$, also für $\lambda=\lambda_{\max}$ erreicht, für den die Beziehung besteht:

$$\left(\frac{X_i}{\omega L}\right)_{\max}=\frac{1+\varrho^2}{\sqrt{(S-1)^2+(\alpha S-\varrho)^2}}. \qquad (30\text{a})$$

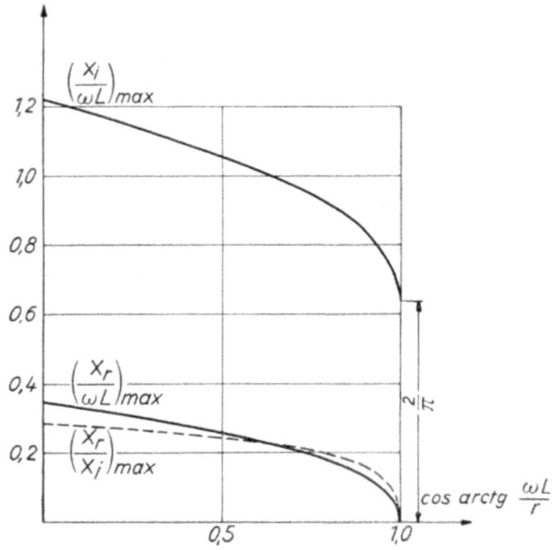

Bild 11. Maximalwerte der scheinbaren Lichtbogenreaktanz je Blindohm $\left(\frac{X_r}{\omega L}\right)$, der scheinbaren Lichtbogenimpedanz je Blindohm $\left(\frac{X_i}{\omega L}\right)$ und des Verhältniswertes beider Größen $\left(\frac{X_r}{X_i}\right)$.

Im Bild 9 ist $\frac{X_i}{\omega L}$ für verschiedene Parameterwerte ϱ in Abhängigkeit von $\frac{E}{\mathfrak{E}}$ dargestellt. Die gestrichelte Linie stellt die Kontinuitätsgrenze dar.

Der größte Impedanzwert wird wiederum bei rein induktiver Belastung ($\varrho=0$) für $\lambda=\lambda_{max}$, also im Punkte B gemessen. Er beträgt fast $\frac{5}{4}$ Ohm je Leitungsblindohm

$$\left[122{,}036\,\% = \frac{100}{\sqrt{1-\frac{\pi^2}{8}\cdot\left(1{,}5-\frac{\pi^2}{8}\right)}}\right].$$

Im Bild 11 sind die an der Kontinuitätsgrenze erreichten Maximalwerte von $\frac{X_i}{\omega L}$ und $\frac{X_r}{\omega L}$ einander gegenübergestellt.

Darstellung des Widerstandsverhältnisses $\frac{X_r}{X_i}$.

$$i_B = \frac{\mathfrak{E}}{\omega L}\cdot\left\{\frac{\varkappa\cdot\sin\left(x+\psi-\operatorname{arctg}\frac{1}{\varrho}\right)}{\sqrt{1+\varrho^2}} - \sum_{n=1}^{n=\infty}\varkappa_{2n+1}\cdot\frac{\sin\left[(2n+1)x+\psi_{2n+1}-\operatorname{arctg}\frac{2n+1}{\varrho}\right]}{\sqrt{\varrho^2+(2n+1)^2}}\right\}. \quad (32)$$

Darin bedeutet

$$\left.\begin{array}{l}\varkappa = \dfrac{1}{\mathfrak{E}}\sqrt{(a_1^2+b_1^2+\mathfrak{E}^2)-2\mathfrak{E}\cdot(a_1\sin\varphi_0+b_1\cos\varphi_0)},\quad \psi = \operatorname{arctg}\dfrac{\sin\varphi_0-\dfrac{a_1}{\mathfrak{E}}}{\cos\varphi_0-\dfrac{b_1}{\mathfrak{E}}},\\[2ex] \varkappa_{2n+1} = \dfrac{\sqrt{a_{2n+1}^2+b_{2n+1}^2}}{\mathfrak{E}}\quad\text{und}\quad \psi_{2n+1} = \operatorname{arctg}\dfrac{a_{2n+1}}{b_{2n+1}}.\end{array}\right\} \quad (33)$$

Der Verhältniswert $\frac{X_r}{X_i}$ gewährt eine gute Vergleichsmöglichkeit der durch eine Reaktanz- bzw. Impedanzmessung an der Kurzschlußstelle erzielten Ergebnisse und ist deshalb in Bild 10 für verschiedene Parameterwerte ϱ in Abhängigkeit von $\frac{E}{\mathfrak{E}}$ dargestellt. Er entspricht dem Sinus des Lichtbogenwinkels φ_B. Auf der gestrichelt gezeichneten Kontinuitätsgrenze werden wiederum die Größtwerte $\left(\frac{X_r}{X_i}\right)_{max}$ erreicht, d. h. in diesem Falle sind die Unterschiede zwischen einer Reaktanz- und einer Impedanzmessung am kleinsten. Bei der Messung im Punkte C [$\varrho=0, \lambda=\lambda_{max}$] wird der absolut kleinste Unterschied zwischen beiden Meßergebnissen erreicht. In diesem Betriebspunkte beträgt der Reaktanzmeßwert fast 30% des Impedanzmeßwertes

$$\left[28{,}52\,\% = \frac{100\cdot\left(\dfrac{\pi^2}{8}-1\right)}{\sqrt{1-\dfrac{\pi^2}{8}\cdot\left(1{,}5-\dfrac{\pi^2}{8}\right)}}\right].$$

Im Bild 11 sind die Werte $\left(\frac{X_r}{X_i}\right)_{max}$ als gestrichelte Linie eingetragen.

Die Lichtbogeneigenschaften bei beliebiger Kurvenform der Lichtbogenspannung.

Die bisherigen Ausführungen bezogen sich auf eine rechteckförmige Spannungskurve, eine Annahme, die für Hochspannungsnetze gut zutrifft. Im allgemeinen Falle kann eine Bogenspannungskurve beliebiger Form vorliegen. Sind ihre Periodenhälften spiegelbildlich gleich, so ergibt sich für die Bogenspannungswelle die Fourierreihe

$$e_B = f(x) = \sum_{n=0}^{n=\infty} a_{2n+1}\cdot\cos[(2n+1)x] + b_{2n+1}\cdot\sin[(2n+1)x]. \quad (31)$$

Für den Summenstrom i_B dieses Vielfrequenzsystems ergibt sich im stationär gewordenen Zustand die Lösung

In den Definitionsformeln (33) ist φ_0 der Nacheilwinkel der Bogenwelle gegenüber der sinusförmigen Netzspannung. Aus der Nullbedingung $\left.i_B\right|_{x=0}=0$ und der Symmetriebedingung

$$\left.i_B\right|_{x=\pi} = -\left.i_B\right|_{x=0}$$

ergibt sich für die Verschiebung der Bogenwelle gegenüber der sinusförmigen Netzspannung wiederum die Gleichung (4) bzw. (13) formal entsprechende Beziehung

$$\sqrt{1+\varrho^2}\cdot\cos(x_0+\operatorname{arctg}\varrho) = \lambda'\cdot S'; \quad (34)$$

$$\text{darin ist}\;\; \lambda' = \frac{b_1-\varrho\cdot a_1}{\mathfrak{E}} \;\;\text{und}\;\; S' = (1+\varrho^2)\cdot\sum_{n=0}^{n=\infty}\frac{1}{(2n+1)^2+\varrho^2}\cdot\frac{(2n+1)\cdot b_{2n+1}-\varrho\cdot a_{2n+1}}{b_1-\varrho\cdot a_1}. \quad (35)$$

Wo es angeht, wird man trachten, durch Ersatz der gegebenen Bogenspannungskurve durch eine einfache formähnliche Kurve (Trapez, Rechteck und Parabelbogen) oder durch Weglassen der höheren Harmonischen zu einer Lösung von geschlossener Form oder beschränkter Gliederzahl zu gelangen.

Die Lichtbogeneigenschaften bei sinusförmiger Bogenspannung.

Nimmt man zum Vereinfachen der Rechnung die Bogenspannung als sinusförmig an, so ist wenigstens der Hauptcharakter der Lichtbogenentladung festzuhalten, der darin besteht, daß Bogenspannung und Bogenstrom gleichzeitig durch Null gehen. Aus den bisher entwickelten Beziehungen kann dann der Sonderfall einer rein sinusförmigen Bogenspannung einfach dadurch abgeleitet werden, daß man in ihnen $S=1$ und $\alpha=\varrho$ setzt.

Für den Bogenstrom ergibt sich dann aus Gleichung (14) die Beziehung

$$i=\frac{\sqrt{1+\varrho^2-\lambda^2}-\varrho\lambda}{\omega L\cdot(1+\varrho^2)}\cdot\mathfrak{E}\cdot\sin x\,. \qquad (36)$$

Lichtbogenstrom und Lichtbogenspannung sind also in Phase. Der Lichtbogenwiderstand r_B berechnet sich aus (36) zu

$$\frac{r_B}{\omega L}=\frac{\lambda\cdot(1+\varrho^2)}{\sqrt{1+\varrho^2-\lambda^2}-\varrho\lambda}\,. \qquad (37)$$

Er ist also auch in diesem Falle von der Annahme, er sei konstant, weit entfernt, ist vielmehr eine Funktion von ϱ und bewegt sich zwischen den beiden Extremwerten $\frac{\lambda}{\sqrt{1-\lambda^2}}$ für $\varrho=0$ und $\frac{\lambda\varrho}{1-\lambda}$ für sehr große Werte von ϱ. Nach Gleichung (7) erhält man mit $\alpha=1$ für $\lambda_{\max}$ den Wert 1, d. h. die sinusförmige Gegenspannung kann bis zur Größe der sinusförmigen Netzspannung anwachsen.

Reaktanzmessung in der Entfernung x von der Kurzschlußstelle.

Bezeichnet man nach Bild 12 die inneren Spannungsfixpunkte des Generators mit K_i, die zwischen ihnen und den mit K bezeichneten wirklichen Generatorklemmen liegenden wirksamen inneren Generatorwiderstände mit r_i und L_i und die Widerstände der Fernleitung bis zur Kurzschlußstelle mit r_a und L_a, so erhält man für den in der Entfernung x von der Kurzschlußstelle je Leitungsblindohm gemessenen Reaktanzwert den Ausdruck

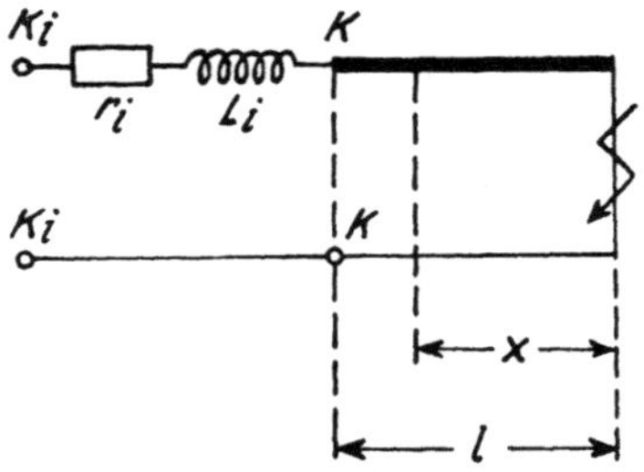

Bild 12. Ersatzschaltung des von den Spannungsfixpunkten des Generators (Ki) gespeisten Lichtbogenkurzschlusses.

$$\left(\frac{X_r}{\omega L}\right)_x=\frac{L_a}{L}\cdot\frac{x}{\mathfrak{l}}+\frac{\lambda^2}{x^2}\cdot(S-1)\,; \qquad (38)$$

darin ist $L=L_i+L_a$. Das Glied $\frac{\lambda^2}{x^2}\cdot(S-1)$ stellt nach (26) die Lichtbogenreaktanz je Blindohm dar; es verschwindet für $S=1$, d. h. wenn die Lichtbogenspannung oberwellenfrei, also rein sinusförmig wäre. In diesem Falle würde ein in der Entfernung x vom Generator erstelltes Reaktanzrelais fehlerfrei nur den tatsächlichen Leitungsreaktanzwert $\frac{x}{\mathfrak{l}}\,\omega L_a$ messen. Wegen der rechteckförmigen Bogenspannungsform verhält sich aber der Lichtbogen wie eine Impedanz, und die Lichtbogenreaktanz geht in die Messung ein. Der auf diese Weise entstehende Meßfehler $F\%$ ist durch folgenden Ausdruck gegeben:

$$F\% = 100\cdot\frac{(X_r)_{\text{Messung}}-(X_r)_{\text{Leitung}}}{(X_r)_{\text{Leitung}}}=\frac{100\cdot(X_r)_{\text{Lichtbogen}}}{(X_r)_{\text{Leitung}}}\,,$$
$$\text{oder:}\quad F\% = 100\cdot\frac{\mathfrak{l}}{x}\cdot\frac{L}{L_a}\cdot\frac{\lambda^2}{x^2}\cdot(S-1)\,. \qquad (39)$$

Das ist die Gleichung einer gleichseitigen Hyperbel mit den Halbachsen $a=b=100\cdot\frac{L}{L_a}\frac{\lambda^2}{x^2}\cdot(S-1)$. (40)

Aus Gleichung (39) erkennt man zunächst, daß der Meßfehler F% proportional der in den Bildern 9 und 11 dargestellten Lichtbogenreaktanz je Blindohm ist, die gleichzeitig den mit einer Reaktanzmessung in den Spannungsfixpunkten verbundenen Meßfehler darstellt. Die Kenntnis der Lichtbogenreaktanz je Blindohm erlaubt die Konstruktion der Fehlerhyperbel, wenn man gemäß Bild 13 die unter 45° zur $\frac{x}{\mathfrak{l}}$-Achse geneigte Strecke $\overline{OP}$ gleich $\sqrt{2}a$ macht. Wie Bild 13 und Gleichung (39) zeigen, wird der Meßfehler um so größer, je näher die Meßstelle der Kurzschlußstelle liegt ($\frac{x}{\mathfrak{l}}$ ist klein) und je näher die Kurzschlußstelle selbst den Generatorklemmen liegt ($\frac{L}{L_a}$ ist groß und die Fehlerhyperbel beginnt daher im Punkte $\frac{x}{\mathfrak{l}}=1$ mit einem sehr großen Anfangswert).

An der Kurzschlußstelle ist der Meßfehler unendlich groß, an den Generatorklemmen erreicht er seinen durch (40) ausgedrückten Kleinstwert a, ist also im Verhältnis $\left(1+\frac{L_i}{L_a}\right)$ größer als die Lichtbogenreaktanz je Blindohm bzw. der Meßfehler an den Spannungsfixpunkten.

Impedanzmessung in der Entfernung x von der Kurzschlußstelle.

An der Meßstelle x ist die Impedanz je Leitungsblindohm durch folgenden Ausdruck gegeben:

$$\left(\frac{X_i}{\omega L}\right)_x = \sqrt{\left(\frac{R}{\omega L}\right)_x^2 + \left(\frac{X_r}{\omega L}\right)_x^2} = \sqrt{\left\{\frac{r_a}{\omega L}\cdot\frac{x}{\mathfrak{l}} + \sqrt{\left[\frac{\lambda}{\varkappa}\cdot\sqrt{1+\varrho^2}\right]^2 - \left[\frac{\lambda^2}{\varkappa^2}\cdot(S-1)\right]^2}\right\}^2 + \left\{\frac{L_a}{L}\cdot\frac{x}{\mathfrak{l}} + \frac{\lambda^2}{\varkappa^2}\cdot(S-1)\right\}^2}. \quad (41)$$

Der ohmsche Widerstand ist also als Summe des ohmschen Fernleitungswiderstandes $\left(\frac{r_a}{\omega L}\cdot\frac{x}{\mathfrak{l}}\right)$ und des ohmschen Lichtbogenwiderstandes

$$\sqrt{\left[\frac{\lambda}{\varkappa}\cdot\sqrt{1+\varrho^2}\right]^2 - \left[\frac{\lambda^2}{\varkappa^2}\cdot(S-1)\right]^2}$$

dargestellt.

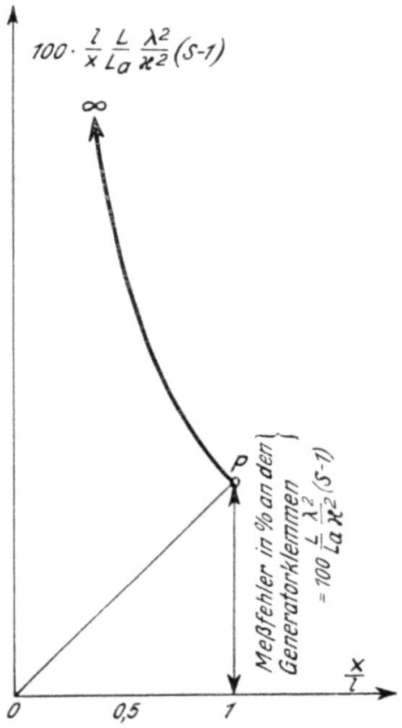

Definitionen:
$\mathfrak{l}$ = Außenleitungslänge,
x = Entfernung von der Kurzschlußstelle,
$\frac{\lambda^2}{\varkappa^2}$ (S − 1) = Lichtbogenreaktanz je Blindohm,
L = totale Kreisinduktivität,
L_a = Außenleitungsinduktivität.

Bild 13. Fehlerhyperbel der Reaktanzmessung.

An der Kurzschlußstelle ($x=0$) wird statt des Widerstandswertes 0 die in den Bildern 9 und 11 dargestellte Lichtbogenimpedanz $\frac{\lambda}{\varkappa}\cdot\sqrt{1+\varrho^2}$ gemessen. Hier wird also der Meßfehler unendlich groß.

Vergleich zwischen Reaktanz- und Impedanzmessung in der Entfernung x von der Kurzschlußstelle.

In den Bildern 10 und 11 sind die für die Kurzschlußstelle selbst ($x=0$) gültigen Verhältniswerte einer Reaktanz- und Impedanzmessung dargestellt. Bei Annäherung der Meßstelle an die Generatorklemmen liefert natürlich sowohl die Reaktanz- als auch die Impedanzmessung größere Widerstandswerte als am Lichtbogen selbst, da ja hier noch die durch die Gleichungen (38) und (41) festgelegten additiven Glieder hinzukommen. Wir haben noch zu untersuchen, ob mit zunehmender Annäherung der Meßstelle an die Generatorklemmen der verhältnismäßige Unterschied zwischen einer Reaktanz- und einer Impedanzmessung größer oder kleiner wird als an der Kurzschlußstelle. Da die Größe $\left(\frac{X_r}{X_i}\right)_x$ dem Sinus des Phasenwinkels φ_x zwischen den Grundwellen von Spannung und Strom an der Meßstelle x entspricht, haben wir also zu untersuchen, ob der Phasenwinkel φ_x mit wachsenden Werten von x größer oder kleiner wird als der durch (20) definierte Lichtbogenwinkel φ_B.

Als Bedingung für mit wachsenden Werten von x ebenfalls anwachsende Phasenwinkelwerte φ_x wollen wir folgenden Ansatz verwenden:

$$\operatorname{tg}\varphi_x > \operatorname{tg}\varphi_B = \operatorname{tg}\left[\operatorname{arctg}\frac{1}{\varrho} - \psi\right]$$

oder:

$$\left(\frac{X_r}{R}\right)_x > \left(\frac{X_r}{R}\right)_{x=0}. \quad (42)$$

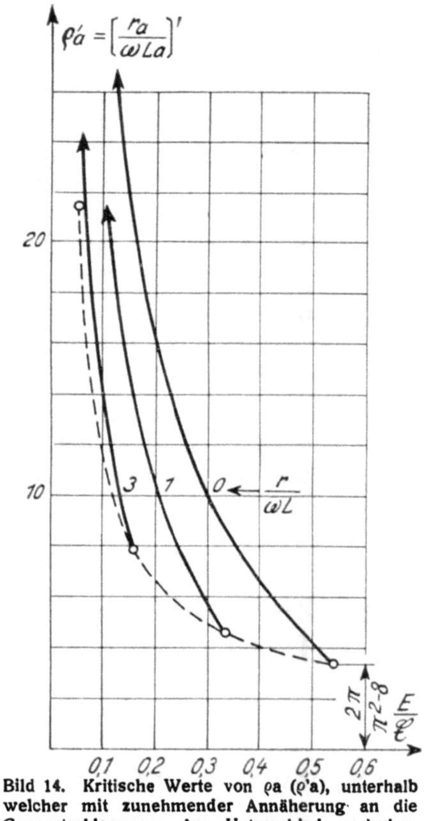

Bild 14. Kritische Werte von ϱa (ϱ'a), unterhalb welcher mit zunehmender Annäherung an die Generatorklemmen der Unterschied zwischen Reaktanz- und Impedanzmessung immer kleiner wird.

Bei Benutzung der Gleichungen (38) und (41) erhält man die Bedingungsgleichung

$$\frac{1}{\sqrt{1+\varrho_a^2}} > \frac{\frac{\lambda^2}{\varkappa^2}\cdot(S-1)}{\frac{\lambda}{\varkappa}\cdot\sqrt{1+\varrho^2}}. \quad (43)$$

Ist diese Bedingung erfüllt, so werden die Unterschiede zwischen Reaktanz- und Impedanzmessung immer kleiner. In Bild 14 sind die kritischen Werte von $\varrho_a : \varrho_a'$ für einige Parameterwerte ϱ in Abhängigkeit von $\frac{\mathfrak{E}}{E}$ dargestellt, unterhalb welcher diese Bedingung erfüllt ist. Man erkennt, daß für $\varrho_a \leqq \varrho_i$ die Bedingung immer erfüllt ist, d. h. wenn der Leitungs-cos φ gleich oder kleiner als der Generator-cos φ ist. Aber auch wenn $\varrho_a \geqq \varrho_i$ ist, wird die Bedingung für mit Annäherung an die Generatorklemmen stetig wachsende Übereinstimmung zwischen Reaktanz- und Impedanzmessung um so eher erfüllt, je größer die Überschußspannung, also der Verhältniswert $\frac{\mathfrak{E}}{E}$ ist.

Zusammenfassung.

Die Lichtbogeneigenschaften werden unter Zugrundelegen der tatsächlichen Bogenspannungskurve und der Tatsache des gleichzeitigen Nulldurchganges von Lichtbogenspannung und -Strom untersucht. Die wesentlichen Ergebnisse dieser Untersuchung sind folgende:

1. Nur wenn Lichtbogen- und Netzspannungskurve rein sinusförmig, also oberwellenfrei sind, ist der Lichtbogenwinkel gleich Null, und der Lichtbogenwiderstand verhält sich wie ein ohmscher Widerstand, dessen Größe vom Netzwinkel und dem Verhältniswert der Netzspannungs- zur Bogenspannungsamplitude abhängt.
2. Ist die Kurvenform der Netz- oder Lichtbogenspannung oder beider nicht rein sinusförmig, so verhält sich der Lichtbogen wie eine Impedanz.
3. Mit zunehmendem cos φ wächst die Instabilität des Lichtbogens bzw. die zu seiner lückenfreien Aufrechterhaltung notwendige Überschußspannung.
4. Die Untersuchung des in Hoch- und Mittelspannungsnetzen praktisch verwirklichten Falles einer rechteckförmigen Spannungskurve wird quantitativ durchgeführt. Die Ergebnisse dieser Untersuchung (Kontinuitätsgrenze bzw. Kontinuitätszahlen; Verschiebungsbereich der Bogenspannungswelle gegenüber der Netzspannung; Verschiebungsbereich der Lichtbogenstromgrundwelle gegenüber der Netzspannung; Stromverlauf an der Kontinuitätsgrenze; Lichtbogenreaktanz- bzw. Impedanzwerte je Blindohm sowie ihre möglichen Größtwerte und ihre Verhältniswerte) sind in den Bildern 5···11 anschaulich gemacht.
5. Im Gegensatz zur bisherigen Auffassung kann durch ein Reaktanzrelais der Lichtbogenwiderstand nicht eliminiert werden. Sowohl bei der Reaktanz- als auch bei der Impedanzmessung ist der Meßfehler im Falle eines einseitig gespeisten Lichtbogenkurzschlusses positiv, d. h. eine größere Entfernung der Fehlerstelle wird vorgetäuscht. Der Lichtbogenwiderstand geht bei der Reaktanzmessung maximal mit etwa $\frac{1}{3}$ Ohm je Leitungsblindohm in die Messung ein, bei der Impedanzmessung mit etwa $\frac{5}{4}$ Ohm maximal. Der Verhältniswert von Reaktanz- zur Impedanzmessung beträgt an der Kurzschlußstelle selbst etwa 30% maximal. Bei Annäherung der Meßstelle an die Generatorklemmen findet eine stetig wachsende Übereinstimmung zwischen den Ergebnissen von Reaktanz- und Impedanzmessung statt, falls die in Bild 14 dargestellten kritischen Leitungs-cos φ-Werte nicht überschritten werden. Die Ermittlung des mit einer Reaktanzmessung verbundenen Meßfehlers kann mit der im Bild 13 dargestellten Fehlerhyperbel in einfachster Weise vorgenommen werden.

Lichtbogenkurzschlüsse in Wechselstromnetzen und ihre Erfassung durch Reaktanz- und Impedanzmessungen.

2. Teil.

Der zweiseitig gespeiste Lichtbogen-Kurzschluß.

Unter Zugrundelegen einer rechteckförmigen bzw. sinusförmigen Bogenspannungsform werden der zweiseitig gespeiste Lichtbogenkurzschluß und seine meßtechnische Erfassung durch Reaktanz- und Impedanzmessungen behandelt.

Grundannahmen. Um die Aufgabe möglichst klar zu gestalten, sei der in Bild 15 dargestellte vollkommen symmetrische Fall behandelt, bei dem die Kurzschlußstelle in der Mitte der von den sinusförmigen, gleich großen Generatorspannungen $\mathfrak{E}_1$ und $\mathfrak{E}_2$ gespeisten Leitung liegt. Die beiden Zweigimpedanzen sind also gleich groß. Von den beiden amplitudengleichen Generatorspannungen wird angenommen, daß die Spannung $\mathfrak{E}_2$ der Spannung $\mathfrak{E}_1$ um den Winkel ϑ, den Polradwinkel, nacheilt. Die Bogenspannung wird zunächst wieder als rechteckförmig angenommen. Als Ausgangspunkt für die Zeitzählung wird der Augenblick gewählt, in dem der Bogenstrom durch Null geht.

Aufstellung und Lösung der Stromgleichungen.

Wird im Einklange mit den Entwicklungen des 1. Teiles dieses Aufsatzes der Nacheilwinkel der

Bogenspannungswelle gegenüber der Generatorspannung $\mathfrak{E}_1$ wieder mit φ_o bezeichnet, so ergibt sich das in Bild 16 dargestellte Spannungsdiagramm. Darin bedeuten e_1 und e_2 die um den Polradwinkel ϑ gegeneinander phasenverschobenen

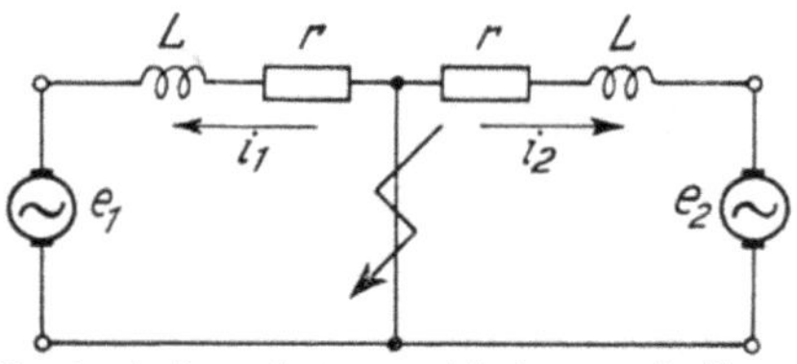

Bild 15. Ersatzschaltung des symmetrischen, zweiseitig gespeisten Lichtbogenkurzschlusses.

sinusförmigen Generatorspannungen, E die rechteckförmige Lichtbogenspannungswelle.

Für die beiden Zweigströme i_1 und i_2 ergeben sich die Differentialgleichungen

$$\mathfrak{E}\cdot\sin(x+\varphi_o) - E = i_1\cdot r + i_1'\cdot L$$
$$\text{und } \mathfrak{E}\cdot\sin(x+\varphi_o-\vartheta) - E = i_2\cdot r + i_2'\cdot L \quad (44)$$

Im stationär gewordenen Zustande muß die Symmetriebedingung erfüllt sein; es muß also gelten:

$$\left.|i_1|\right._{x=0} = -\left.|i_1|\right._{x=\pi} \text{ und } \left.|i_2|\right._{x=0} = -\left.|i_2|\right._{x=\pi}. \quad (45)$$

Bei Berücksichtigung dieser beiden Beziehungen erhält man für die beiden Zweigströme die Ausdrücke

$$\omega L\cdot i_1 = -\frac{\mathfrak{E}}{\sqrt{1+\varrho^2}}\cdot\cos(x+\varphi_0+\operatorname{arctg}\varrho) + \frac{E}{\varrho}\cdot\left[\frac{2\cdot\varepsilon^{-\varrho x}}{1+\varepsilon^{-\varrho\pi}} - 1\right]$$

$$\text{und } \omega L\cdot i_2 = -\frac{\mathfrak{E}}{\sqrt{1+\varrho^2}}\cdot\cos(x+\varphi_0-\vartheta+\operatorname{arctg}\varrho) + \frac{E}{\varrho}\cdot\left[\frac{2\cdot\varepsilon^{-\varrho x}}{1+\varepsilon^{-\varrho\pi}} - 1\right] \quad (46)$$

Der Nacheilwinkel φ_o wird berechnet aus der Nullbedingung

$$|i_1+i_2|_{x=0} = 0. \quad (47)$$

Diese Bedingung liefert für den Nacheilwinkel φ_o die Beziehung

$$\sqrt{1+\varrho^2}\cdot\left[\cos(\varphi_0+\operatorname{arctg}\varrho) + \cos(\varphi_0+\operatorname{arctg}\varrho-\vartheta)\right] = 2\lambda\cdot\left[\frac{\pi}{4}\cdot\frac{1+\varrho^2}{\varrho}\cdot\mathfrak{Tg}\frac{\varrho\pi}{2}\right] = 2\lambda\cdot S. \quad (48)$$

Für $\vartheta=0$ führt diese Gleichung auf den Fall des einseitig gespeisten Lichtbogenkurzschlusses zurück, wird also mit Gleichung (4) des 1. Teiles identisch.

Kontinuitätsbedingung.

Der Lichtbogenstrom fließt nur dann pausenlos (lückenfrei), wenn er im Augenblicke seines Nulldurchganges ansteigende Tendenz hat, wenn also die Bedingung erfüllt ist:

$$(i_1+i_2)'_{x=0} = 0. \quad (49)$$

Diese Bedingung liefert für das mit Rücksicht auf Lückenfreiheit des Bogenstromes höchstzulässige Grundwellen-Amplitudenverhältnis von Netz- und Lichtbogenspannung die Beziehung

$$\lambda_{\max} = \frac{4}{\pi}\cdot\left(\frac{E}{\mathfrak{E}}\right)_{\max} = \frac{\cos\frac{\vartheta}{2}}{S}\cdot\sqrt{\frac{1+\varrho^2}{1+\alpha^2}}; \quad (50)$$

darin bedeutet

$$S = \frac{\pi}{4}\cdot\frac{1+\varrho^2}{\varrho}\cdot\mathfrak{Tg}\frac{\varrho\pi}{2}, \; \varrho = \frac{r}{\omega L} \text{ und } \alpha = \frac{2\varrho}{1-\varepsilon^{-\varrho\pi}}. \quad (51)$$

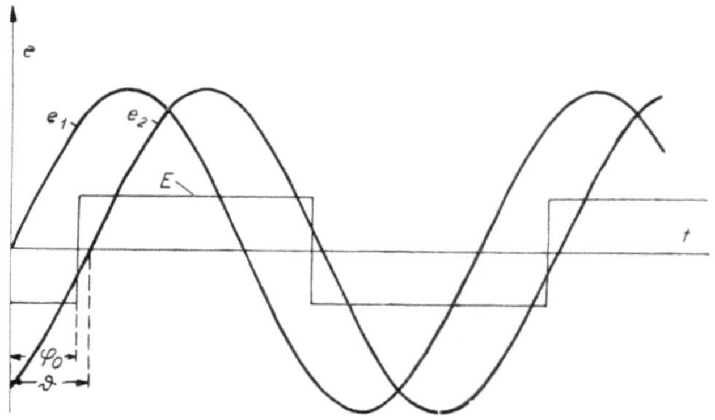

Bild 16. Gegenseitige Phasenlage der beiden Netzspannungswellen (e_1 bzw. e_2) und der Bogenspannungswelle (E).

Im Bild 5 des 1. Teiles wurden die zum Aufrechterhalten eines lückenlos fließenden Lichtbogenstromes notwendigen Mindestspannungsverhältnisse $\left(\frac{\mathfrak{E}}{E}\right)$ bzw. deren Reziprokwerte in Abhängigkeit vom $\cos\varphi$ für den Polradwinkel $\vartheta=0$ dargestellt. Aus ihnen können durch Multiplikation mit $\cos\frac{\vartheta}{2}$ leicht die anderen Polradwinkeln entsprechenden Werte von $\frac{\mathfrak{E}}{E}$ und $\frac{E}{\mathfrak{E}}$ und damit auch von $\lambda_{\max}$ ermittelt werden.

Aus Gleichung (50) geht hervor, daß $\lambda_{\max}$ mit wachsendem Polradwinkel immer kleiner wird, d. h. daß die zum Aufrechterhalten des Lichtbogens notwendige Überschußspannung mit wachsendem Polradwinkel immer größer wird. Sind die Generatorspannungen in Gegenphase, ist also $\vartheta=180°$, so wird $\lambda_{\max}$ nach (50) gleich Null; E müßte danach gleich Null sein, was jedoch nur bei metallischem Kurzschluß möglich ist.

Ein Durcheinanderlaufen oder Außertrittfallen der Kraftwerke bringt also Lichtbogenkurzschlüsse intermittierend zum Erlöschen. Die gleiche Wirkung können auch Pendelerscheinungen haben, wenn der Pendelwinkel größer wird als der zur Löschung notwendige „Löschwinkel“, der nach (50) außer von der Betriebsspannung ($\mathfrak{E}$) und den elektrischen Daten von Fernleitung und Generator (ϱ) auch von der Lichtbogenspannung E und damit vom Leiterabstand abhängt.

Darstellung der Stromgrundwellen. Für die Grundharmonischen der beiden Zweigströme i_1 und i_2 sowie des aus ihnen zusammengesetzten, den Lichtbogenstrom bildenden Summenstromes (i_1+i_2) ergeben sich aus den Gleichungen (46) mit Hilfe der Fourieranalyse die folgenden Beziehungen:

$$\left.\begin{aligned} i_1 &= \mathfrak{E}\cdot\sqrt{\frac{\lambda^2-2\lambda\cos\varphi_0+1}{r^2+\omega^2L^2}}\cdot\sin\left[x+\operatorname{arctg}\frac{\sin\varphi_0}{\cos\varphi_0-\lambda}-\operatorname{arctg}\frac{\omega L}{r}\right],\\ i_2 &= \mathfrak{E}\cdot\sqrt{\frac{\lambda^2-2\lambda\cos(\varphi_0-\vartheta)+1}{r^2+\omega^2L^2}}\cdot\sin\left[x+\operatorname{arctg}\frac{\sin(\varphi^0-\vartheta)}{\cos(\varphi_0-\vartheta)-\lambda}-\operatorname{arctg}\frac{\omega L}{r}\right]\\ \text{und}\quad (i_1+i_2) &= \mathfrak{E}\cdot\sqrt{\frac{\lambda^2-2\lambda\cos\frac{\vartheta}{2}\cos\left(\varphi_0-\frac{\vartheta}{2}\right)+\cos^2\frac{\vartheta}{2}}{r^2+\omega^2L^2}}\cdot\sin\left[x+\operatorname{arctg}\frac{\sin\left(\varphi_0-\frac{\vartheta}{2}\right)}{\cos\left(\varphi_2-\frac{\vartheta}{2}\right)-\lambda}-\operatorname{arctg}\frac{\omega L}{r}\right] \end{aligned}\right\}. \quad (52)$$

Darstellung der Lichtbogenreaktanz je Blindohm $\left(\frac{X_r}{\omega L}\right)$.

Die Lichtbogenreaktanz je Blindohm $\left(\frac{X_r}{\omega L}\right)$ ist durch den imaginären Teil des Quotienten aus der am Lichtbogen liegenden Spannungsgrundwelle $\frac{4}{\pi}\cdot E\cdot\sin x$ und der Summenstrom-Grundwelle gegeben. Diese Beziehung liefert, wenn man die Gleichung (48) berücksichtigt und $\lambda=x\cdot\lambda_{\max}$ einsetzt, für die auf $\lambda_{\max}$ bezogene Lichtbogenreaktanz den Ausdruck

$$\left(\frac{X_r}{\omega L}\right)=\frac{1+\varrho^2}{2}\cdot\frac{\left[\frac{S}{\cos\frac{\vartheta}{2}}-1\right]}{(S-1)^2+\left[S\sqrt{\frac{1+\alpha^2}{x^2}-1}-\varrho\right]^2}. \quad (53)$$

Wie aus dieser Gleichung hervorgeht, erreicht die Lichtbogenreaktanz für $x=1$, also für $\lambda=\lambda_{\max}$, ihren Größtwert, der durch die folgende Beziehung gegeben ist:

$$\left(\frac{X_r}{\omega L}\right)_{\max}=\frac{1+\varrho^2}{2}\cdot\frac{\frac{S}{\cos\frac{\vartheta}{2}}-1}{(S-1)^2+(\alpha S-\varrho)^2}. \quad (54)$$

Darstellung der beiden Lichtbogen-Zweigreaktanzen $\left(\frac{X_r}{\omega L}\right)_1$ und $\left(\frac{X_r}{\omega L}\right)_2$.

In den Leitungszug eingebaute Meßinstrumente werden nicht vom Lichtbogenstrome (i_1+i_2) durchflossen, sondern von einem der beiden Zweigströme i_1 und i_2 beeinflußt. Die für die beiden Zweige maßgebenden scheinbaren Lichtbogenreaktanzen sind durch den imaginären Teil des Quotienten aus der am Lichtbogen liegenden Spannungsgrundwelle $\frac{4}{\pi}\cdot E\cdot\sin x$ und der Stromgrundwelle des betrachteten Zweiges gegeben. Diese beiden Verhältnisse liefern unter Berücksichtigung von Gleichung (48) und Verwendung der Substitution $\lambda=x\cdot\lambda_{\max}$ für die beiden auf $\lambda_{\max}$ bezogenen Lichtbogenzweigreaktanzen den Ausdruck

$$\left(\frac{X_r}{\omega L}\right)_{1,2}=\frac{(1+\varrho^2)\left[(S-1)\mp\sin\frac{\vartheta}{2}\cdot\left(\frac{S}{\cos\frac{\vartheta}{2}}\sqrt{\frac{1+\alpha^2}{x^2}-1}\right)\right]}{\left(\frac{S}{\cos\frac{\vartheta}{2}}\sqrt{\frac{1+\alpha^2}{x^2}-1}\right)^2-2\left(\varrho\cos\frac{\vartheta}{2}\mp\sin\frac{\vartheta}{2}\right)\left(\frac{S}{\cos\frac{\vartheta}{2}}\sqrt{\frac{1+\alpha^2}{x^2}-1}\right)+(S-1)^2+\left(S\operatorname{tg}\frac{\vartheta}{2}\mp\varrho\right)^2}; \quad (55)$$

darin sind S, ϱ und α durch (51) definiert.

Man erkennt, daß die beiden Zweigreaktanzen ihr Minimum bzw. Maximum im allgemeinen bei einem von $x=1$ verschiedenen Werte erreichen. Ergibt sich aber aus der Maxima-Minimarechnung für x ein größerer Wert als 1, so hat er wohl einen mathematischen, aber keinen physikalischen Sinn, weil der brauchbare Betriebsbereich sich nur auf das Gebiet $x=0\cdots1$ erstreckt. In diesem Falle sind die tatsächlich auftretenden Größt- bzw. Kleinstwerte der beiden Zweigreaktanzen aus Gleichung (55) mit $x=1$ zu berechnen.

Differenziert man (55) nach $\left(\frac{S}{\cos\frac{\vartheta}{2}}\cdot\sqrt{\frac{1+\alpha^2}{x^2}-1}\right)$

und setzt den Differentialquotienten gleich Null, so erhält man die Werte von $\left(\frac{S}{\cos\frac{\vartheta}{2}} \cdot \sqrt{\frac{1+\alpha^2}{x^2} - 1}\right)$, die die Zweigreaktanzen zu einem Minimum bzw. Maximum machen und die wie folgt definiert sind:

$$\begin{aligned} y_1 &= \left[\frac{S}{\cos\frac{\vartheta}{2}} \sqrt{\frac{1+\alpha^2}{x^2} - 1}\right]_1 = + \frac{S-1}{\sin\frac{\vartheta}{2}} \pm \left[\left(\operatorname{tg}\frac{\vartheta}{2} - \varrho\right) + \frac{2(S-1)}{\sin\vartheta}\right], \\ y_2 &= \left[\frac{S}{\cos\frac{\vartheta}{2}} \sqrt{\frac{1+\alpha^2}{x^2} - 1}\right]_2 = - \frac{S-1}{\sin\frac{\vartheta}{2}} \overset{+}{(-)} \left[\left(\operatorname{tg}\frac{\vartheta}{2} + \varrho\right) + \frac{2(S-1)}{\sin\vartheta}\right]. \end{aligned} \tag{56}$$

Je nachdem, ob der in der Klammer stehende Summand der ersten Formel größer oder kleiner als Null ist, müssen wir das positive oder negative Vorzeichen anwenden. Die Forderung, daß y_1 immer größer als Null sein muß, ist also erfüllt.

Der in der Klammer stehende Summand der zweiten Formel ist immer positiv, daher existiert nur die Lösung minus-plus. Die Forderung, daß y_2 immer größer als Null sein muß, ist trotzdem erfüllt, weil der Klammerausdruck stets größer ist als das negative Glied $-\frac{S-1}{\sin\frac{\vartheta}{2}}$. Setzt man die durch (56) definierten Werte von $\left[\frac{S}{\cos\frac{\vartheta}{2}} \sqrt{\frac{1+\alpha^2}{x^2} - 1}\right]$ in (55) ein, so erhält man für die Extremwerte der Zweigreaktanzen die Beziehungen

$$\left[\left(\frac{X_r}{\omega L}\right)_1\right]_{\min} = \begin{cases} -\dfrac{1+\varrho^2}{2} \cdot \dfrac{\operatorname{tg}\frac{\vartheta}{4}}{\left(\operatorname{tg}\frac{\vartheta}{2} - \varrho\right) + \frac{2(S-1)}{\sin\vartheta}} \\[2ex] -\dfrac{1+\varrho^2}{2} \cdot \dfrac{\operatorname{ctg}\frac{\vartheta}{4}}{\left(\varrho - \operatorname{tg}\frac{\vartheta}{2}\right) - \frac{2(S-1)}{\sin\vartheta}} \end{cases} \tag{57}$$

und

$$\left[\left(\frac{X_r}{\omega L}\right)_2\right]_{\max} = + \frac{1+\varrho^2}{2} \cdot \frac{\operatorname{ctg}\frac{\vartheta}{4}}{\left(\varrho + \operatorname{tg}\frac{\vartheta}{2}\right) + \frac{2(S-1)}{\sin\vartheta}}. \tag{58}$$

Beide Formeln für $\left[\left(\frac{X_r}{\omega L}\right)_1\right]_{\min}$ gelten für positiven Nenner.

Der Idealfall einer rein sinusförmigen Lichtbogenspannung.

Es sei zunächst der einfachere Fall einer rein sinusförmigen Lichtbogenspannung behandelt. Für $\vartheta = 0$ bzw. $\cos\frac{\vartheta}{2} = 1$ kann die Bogenspannungsamplitude bis zur Höhe der Netzspannungsamplitude anwachsen: $\lambda_{\max} = \frac{4}{\pi} \cdot \frac{E}{\mathfrak{E}} = 1$; anderseits nimmt $\lambda_{\max}$ für $\vartheta = 0$ und $S = 1$ nach Gleichung (50) den Wert $\frac{1}{S} \cdot \sqrt{\frac{1+\varrho^2}{1+\alpha^2}}$ an. Wie schon im 1. Teil der Arbeit gezeigt wurde, entspricht einer rein sinusförmigen Lichtbogenspannung der Wert $S = 1$, so daß wir $\lambda_{\max} = \sqrt{\frac{1+\varrho^2}{1+\alpha^2}} = 1$ erhalten.

Daraus ergibt sich, daß einer rein sinusförmigen Lichtbogenspannung der Wert $\alpha = \varrho$ entsprechen muß. Für die Lichtbogenreaktanz ergibt sich mit $\alpha = \varrho$ und $S = 1$ aus (53) die Beziehung

$$\left(\frac{X_r}{\omega L}\right) = \frac{1}{2} \cdot \frac{1 - \cos\frac{\vartheta}{2}}{\cos\frac{\vartheta}{2}} \cdot \frac{1+\varrho^2}{\left[\sqrt{\frac{1+\varrho^2}{x^2} - 1} - \varrho\right]^2}. \tag{59}$$

Für die beiden Zweigreaktanzen folgt mit $(S-1) = 0$ und $\alpha = \varrho$ aus (55) die Beziehung

$$\left(\frac{X_r}{\omega L}\right)_{1,2} = \frac{\mp (1+\varrho^2) \cdot \sin\frac{\vartheta}{2} \cdot \left[\frac{1}{\cos\frac{\vartheta}{2}} \sqrt{\frac{1+\varrho^2}{x^2} - 1}\right]}{\left[\frac{1}{\cos\frac{\vartheta}{2}} \sqrt{\frac{1+\varrho^2}{x^2} - 1}\right]^2 - 2\left(\varrho \cos\frac{\vartheta}{2} \mp \sin\frac{\vartheta}{2}\right)\left[\frac{1}{\cos\frac{\vartheta}{2}} \sqrt{\frac{1+\varrho^2}{x^2} - 1}\right] + \left(\operatorname{tg}\frac{\vartheta}{2} \mp \varrho\right)^2}. \tag{60}$$

Für die den Extremwerten von $\left(\frac{X_r}{\omega L}\right)_{1,2}$ entsprechenden Werte von $\left[\frac{1}{\cos\frac{\vartheta}{2}}\sqrt{\frac{1+\varrho^2}{x^2}-1}\right]$ erhält man mit $(S-1)=0$ und $\alpha=\varrho$ aus Gleichung (56) die Ausdrücke

$$\left[\frac{1}{\cos\frac{\vartheta}{2}}\sqrt{\frac{1+\varrho^2}{x^2}-1}\right]_1=\pm\left(\operatorname{tg}\frac{\vartheta}{2}-\varrho\right)$$

und
$$\left[\frac{1}{\cos\frac{\vartheta}{2}}\sqrt{\frac{1+\varrho^2}{x^2}-1}\right]_2=+\left(\operatorname{tg}\frac{\vartheta}{2}+\varrho\right). \quad (61)$$

Für die Extremwerte der Zweigreaktanzen ergeben sich aus (57) und (58) die Formeln

$$\left[\left(\frac{X_r}{\omega L}\right)_1\right]_{\min}=-\frac{1+\varrho^2}{2}\cdot\frac{\operatorname{tg}\frac{\vartheta}{4}}{\operatorname{tg}\frac{\vartheta}{2}-\varrho}, \text{ bzw. } -\frac{1+\varrho^2}{2}\cdot\frac{\operatorname{ctg}\frac{\vartheta}{4}}{\varrho-\operatorname{tg}\frac{\vartheta}{4}} \quad (62)$$

und
$$\left[\left(\frac{X_r}{\omega L}\right)_2\right]_{\max}=+\frac{1+\varrho^2}{2}\cdot\frac{\operatorname{ctg}\frac{\vartheta}{4}}{\operatorname{tg}\frac{\vartheta}{2}+\varrho}. \quad (63)$$

Beide Formeln für $\left[\left(\frac{X_r}{\omega L}\right)_1\right]_{\min}$ gelten wieder für positiven Nenner.

S i n u s f ö r m i g e L i c h t b o g e n s p a n n u n g: L a g e b e s t i m m u n g d e r E x t r e m w e r t e d e r Z w e i g r e a k t a n z e n.

Es ist noch zu untersuchen, ob die diesen Extremwerten entsprechenden Werte von x nicht größer als 1 sind; sie lägen dann jenseits des durch die Werte $x=0$ und $x=1$ begrenzten nutzbaren Betriebsbereiches und hätten nur imaginäre Bedeutung. In diesem Falle werden die größtmöglichen Extremwerte schon früher, nämlich an der Grenze des nutzbaren Betriebsbereiches im Punkte $x=1$ erreicht und sind aus Gleichung (60) zu errechnen. Für den Wert $x=1$ liefert (60) die Beziehung

$$\left[\left(\frac{X_r}{\omega L}\right)_{1,2}\right]_{x=1}=\mp\frac{\varrho}{\operatorname{tg}\frac{\vartheta}{2}}=\mp\frac{\operatorname{ctg}\varphi}{\operatorname{tg}\frac{\vartheta}{2}}=\mp\frac{1}{\operatorname{tg}\varphi\cdot\operatorname{tg}\frac{\vartheta}{2}}. \quad (64)$$

Im äußersten Betriebspunkte sind die beiden Zweigreaktanzen also einander entgegengesetzt gleich; ihr Betrag ist gleich dem Reziprokwerte des Tangentenproduktes von Phasen- und halbem Polradwinkel. Nach Gleichung (59) ist für $x=1$ die Lichtbogenreaktanz für beliebige Polradwinkel ϑ gleich ∞.

Im Betriebsfalle $x=1$ kann man daher nach Bild 17 den Lichtbogen durch einen Resonanzkreis ersetzen, bei dem, wie die nähere Untersuchung zeigt, im kapazitiven Zweige ein positiver, im induktiven Zweige ein gleich großer negativer Widerstand wirksam ist. Ein solcher Kreis verhält sich wie

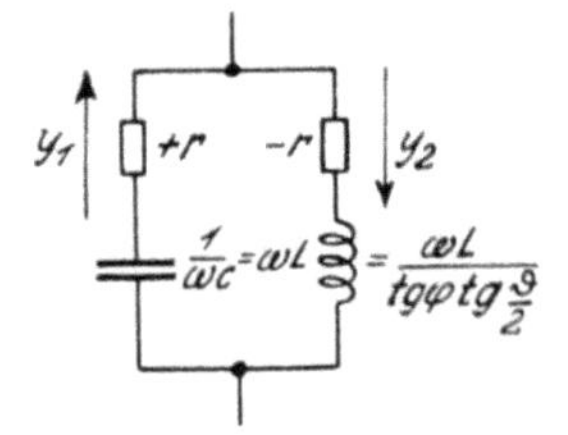

Bild 17. Lichtbogenersatzschaltung für x = 1.

ein widerstandsfreier, unverstimmter Resonanzkreis; für den Widerstand eines solchen Kreises ergibt sich nämlich die Formel

$$R=\frac{-r\cdot(1+\omega^2LC)+j\omega L\left(1-r^2\frac{C}{L}\right)}{(1-\omega^2LC)+j\omega L\,(r-r)}=\infty.$$

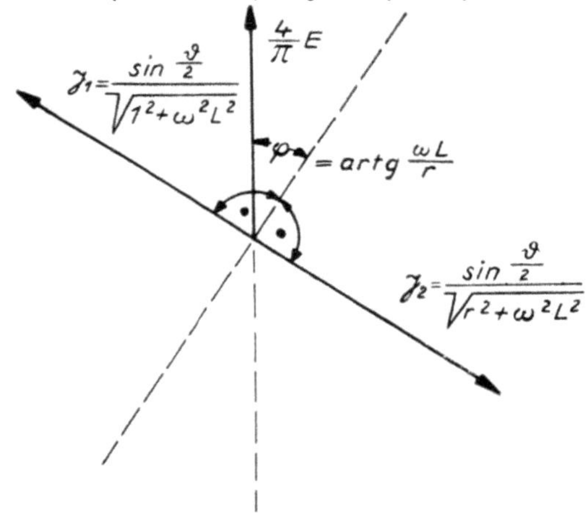

Bild 18. Stromdiagramm für x = 1.

Bild 18 zeigt das Stromdiagramm, das diesem Falle entspricht. Die beiden Zweigströme sind gleich groß und eilen der Lichtbogenspannung um den Winkel $\frac{\pi}{2}-\operatorname{arctg}\frac{\omega L}{r}$ vor bzw. um den Winkel $\frac{\pi}{2}+\operatorname{arctg}\frac{\omega L}{r}$ nach.

Der Forderung, daß die Extremwerte von $\left(\frac{X_r}{\omega L}\right)_{1,2}$ innerhalb des nutzbaren Betriebsbereiches liegen sollen (also der Bedingung $x\leqq 1$), entsprechen die folgenden drei aus Gleichung (61) hergeleiteten Beziehungen:

$$\left.\begin{array}{ll} \varrho \leqq \operatorname{tg}\frac{\vartheta}{4} & \text{für } \operatorname{tg}\frac{\vartheta}{2} \geqq \varrho \\ \varrho \leqq -\operatorname{ctg}\frac{\vartheta}{4} & \text{für } \operatorname{tg}\frac{\vartheta}{2} \leqq \varrho \end{array}\right\} \left(\frac{X_r}{\omega L}\right)_1$$
$$\varrho \leqq \operatorname{ctg}\frac{\vartheta}{4} \qquad \left(\frac{X_r}{\omega L}\right)_2 . \tag{65}$$

Aus der ersten Beziehung folgt, daß das Minimum von $\left(\frac{X_r}{\omega L}\right)_1$ nur dann innerhalb der nutzbaren Betriebszone liegt, wenn die Bedingung $\varrho \leqq \operatorname{tg}\frac{\vartheta}{4}$ erfüllt ist.

Ist $\varrho \geqq \operatorname{tg}\frac{\vartheta}{4}$, so liegt es außerhalb des Betriebsfeldes und hat keine physikalische Bedeutung. Da $\operatorname{tg}\frac{\vartheta}{4}$ höchstens gleich 1 werden kann (für $\vartheta = 180°$), liegt auch für alle Werte von $\varrho \geqq 1$ das Minimum außerhalb der nutzbaren Betriebszone.

Die zweite Beziehung ist immer unerfüllbar, d. h. für $\varrho \geqq \operatorname{tg}\frac{\vartheta}{2}$ liegt das Minimum von $\left(\frac{X_r}{\omega L}\right)_1$ stets außerhalb der nutzbaren Betriebszone, hat also keine physikalische Bedeutung. Dieser Fall braucht nicht weiter diskutiert zu werden, weil nach der ersten Beziehung schon für $\varrho \geqq \operatorname{tg}\frac{\vartheta}{4}$ das Minimum von $\left(\frac{X_r}{\omega L}\right)_1$ keine reale Existenz hat.

Aus der dritten Beziehung folgt, daß das Maximum von $\left(\frac{X_r}{\omega L}\right)_2$ nur dann innerhalb der nutzbaren Betriebszone liegt, wenn die Bedingung $\varrho \leqq \operatorname{ctg}\frac{\vartheta}{4}$ erfüllt ist. Da $\operatorname{ctg}\frac{\vartheta}{4}$ mindestens gleich 1 werden kann (für $\vartheta = 180°$), liegt auch für alle Werte von $\varrho \leqq 1$ das Maximum innerhalb der nutzbaren Betriebszone. Formelmäßig kann das Ergebnis unserer Untersuchung wie folgt dargestellt werden:

S i n u s f ö r m i g e L i c h t b o g e n s p a n n u n g: G r a p h i s c h e D a r s t e l l u n g u n d B e r e c h n u n g d e r t a t s ä c h l i c h a u f t r e t e n d e n E x t r e m w e r t e d e r Z w e i g r e a k t a n z e n.

Im Bild 19 sind die durch das Gleichungssystem (66) formelmäßig dargestellten Zusammenhänge

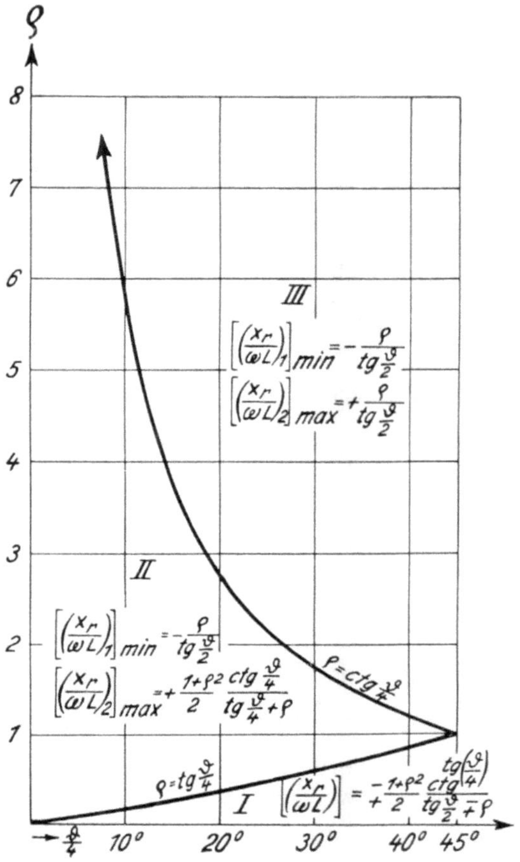

Bild 19. Zonendiagramm für ϱ.

anschaulich gemacht. Danach kann ϱ innerhalb dreier Zonen liegen, die durch die Linien $\varrho = \operatorname{tg}\frac{\vartheta}{4}$

$$\left.\begin{array}{l}
\left[\left(\frac{X_r}{\omega L}\right)_1\right]_{\min} = \begin{cases} = -\dfrac{1+\varrho^2}{2}\cdot\dfrac{\operatorname{tg}\frac{\vartheta}{4}}{\operatorname{tg}\frac{\vartheta}{2}-\varrho} \;\ldots\; \text{(a)} \ldots \text{ für } \varrho \leqq \operatorname{tg}\frac{\vartheta}{4} \\[2ex] = -\dfrac{\varrho}{\operatorname{tg}\frac{\vartheta}{2}} \;\ldots\ldots\; \text{(b)} \ldots \text{ für } \begin{cases}\varrho \geqq \operatorname{tg}\frac{\vartheta}{4} \\ \varrho \geqq 1\end{cases} \end{cases} \\[6ex]
\left[\left(\frac{X_r}{\omega L}\right)_2\right]_{\max} = \begin{cases} = +\dfrac{1+\varrho^2}{2}\cdot\dfrac{\operatorname{ctg}\frac{\vartheta}{4}}{\operatorname{tg}\frac{\vartheta}{2}+\varrho} \;\ldots\; \text{(c)} \ldots \text{ für } \begin{cases}\varrho \leqq \operatorname{ctg}\frac{\vartheta}{4} \\ \varrho \leqq 1\end{cases} \\[2ex] = +\dfrac{\varrho}{\operatorname{tg}\frac{\vartheta}{2}} \;\ldots\ldots\; \text{(d)} \ldots \text{ für } \varrho \geqq \operatorname{ctg}\frac{\vartheta}{4} \end{cases}
\end{array}\right\} . \tag{66}$$

und $\varrho = \operatorname{ctg} \frac{\vartheta}{4}$ voneinander geschieden sind. In jeder dieser drei Zonen sind die für die betreffende Zone gültigen Formeln für die Extremwerte der beiden Zweigreaktanzen eingetragen.

Die Extremwerte der linken Zweigreaktanzen.

Betrachtet man die Entwicklung, die das (negative) Zonenminimum durchmacht, so erkennt man, daß nur in Zone I ein echtes Minimum von $\left(\frac{X_r}{\omega L}\right)_1$ existiert, das durch Gleichung (66, 1) gegeben ist und für $\varrho = \operatorname{tg} \frac{\vartheta}{4}$ im Punkte $x = 1$, also am Ende des nutzbaren Betriebsbereiches, erreicht wird. Dieser äußersten Lage des echten Minimums von $\left(\frac{X_r}{\omega L}\right)_1$ entsprechen die Punkte der Grenzkurve $\varrho = \operatorname{tg} \frac{\vartheta}{4}$.

Die jenseits dieser Grenzkurve im Gebiete der Zonen II und III liegenden Minima von $\left(\frac{X_r}{\omega L}\right)_1$ stellen die Werte von $\left(\frac{X_r}{\omega L}\right)_1$ für den Wert $x = 1$ dar und sind durch die einfache Beziehung

$$\left[\left(\frac{X_r}{\omega L}\right)_1\right]_{\min} = -\frac{\varrho}{\operatorname{tg} \frac{\vartheta}{2}}$$

gegeben. Diese Beziehung liefert demnach für alle Werte von $\varrho \geqq \operatorname{tg} \frac{\vartheta}{4}$ die im ungünstigsten Falle möglichen Minimalwerte der der Generatorspannung $\mathfrak{E}_1$ zugeordneten Zweigreaktanz.

In Bild 20 sind die den beiden Grenzkurven des Bildes 19 entsprechenden Kurven für $\left[\left(\frac{X_r}{\omega L}\right)_1\right]_{\min}$ als voll ausgezogene Linien eingezeichnet. Aus (66, 1) folgt für die untere Grenzkurve mit $\operatorname{tg} \frac{\vartheta}{4} = \varrho$ die Beziehung

$$\left[\left(\frac{X_r}{\omega L}\right)_1\right]_{\min} = -\frac{1 - \varrho^2}{2} \quad . \tag{67}$$

Für die obere Grenzkurve ergibt sich aus Gleichung (66, 2) der Ausdruck

$$\left[\left(\frac{X_r}{\omega L}\right)_1\right]_{\min} = -\frac{\varrho^2 - 1}{2} \quad . \tag{68}$$

Man erkennt, daß in Zone I der Absolutbetrag der linken Zweigreaktanz höchstens gleich dem Betrage der halben linken Leistungsreaktanz werden kann; in Zone II und Zone III hingegen können für die linke Zweigreaktanz beliebig hohe negative Werte gemessen werden.

Zu ihrer Ermittlung dient die gestrichelte Linie des Bildes 20, die die Funktion $\operatorname{ctg} \frac{\vartheta}{2}$ abbildet. Die Multiplikation der einem bestimmten Winkel $\frac{\vartheta}{4}$ entsprechenden Ordinate der $\operatorname{ctg} \frac{\vartheta}{2}$ —Kurve mit einem in Zone II oder III des Bildes 19 liegenden Werte von ϱ liefert den den betreffenden Werten von $\frac{\vartheta}{4}$ und ϱ entsprechenden Extremwert der linken Zweigreaktanz.

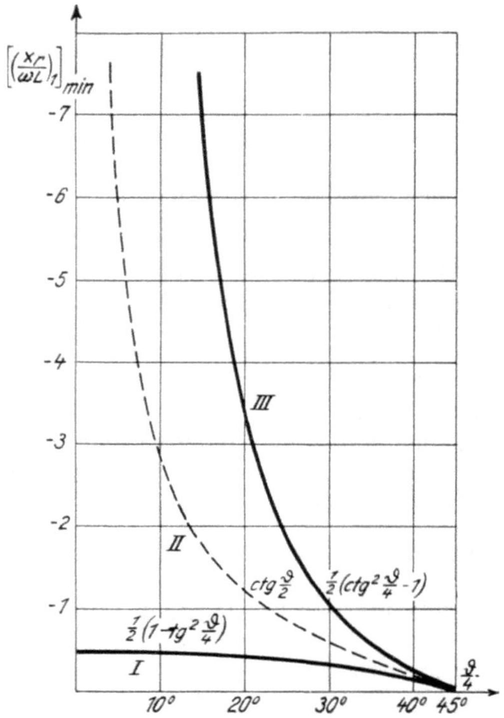

Bild 20. Zonendiagramm für die Extremwerte der linken Zweigreaktanz.

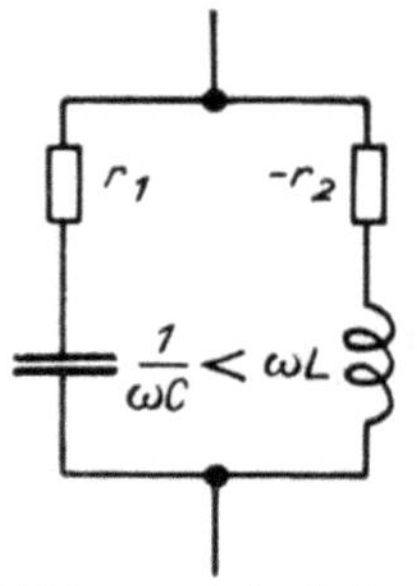

Bild 21. Lichtbogenersatzschaltung für $x < 1$.

Die Extremwerte der rechten Zweigreaktanzen.

Aus (61) folgt, daß die echten Maxima der rechten Zweigreaktanz für bestimmte Werte von ϱ und ϑ erst bei einer größeren Überschußspannung, also schon bei einem kleineren Werte von x erreicht werden als die echten Minima der linken Zweigreaktanzen. Daraus folgt, daß eine Paarung, d. h. ein gleichzeitiges Bestehen zweier echter Extremwerte, nicht möglich ist. Eine Ausnahme bildet der Kreuzungspunkt der beiden Zonenkurven der Bilder 19 und 20, also der Punkt $\varrho = 1$ und $\operatorname{tg}\frac{\vartheta}{4} = 1$.

Für $x = 1$ besteht Resonanz. In diesem den brauchbaren Betriebsbereich abschließenden Grenzpunkte werden die gleichzeitig bestehenden Reaktanzwerte der beiden Zweige einander entgegengesetzt gleich. Aus (60) läßt sich ableiten, daß im ganzen Betriebsbereiche $x < 1$ der Absolutbetrag der negativen Zweigreaktanz kleiner ist als derjenige der gleichzeitig bestehenden positiven Zweigreaktanz, und zwar können schon in Zone I beliebig große Werte der positiven Zweigreaktanz gemessen werden, da ja das durch Gleichung (66, 3) dargestellte positive Maximum der rechten Zweigreaktanz schon in dieser Zone beliebig große Werte annehmen kann. Im Betriebsbereich $x < 1$ läßt sich demnach der Lichtbogen durch den in Bild 21 dargestellten verstimmten Resonanzkreis ersetzen, in welchem der der negativen Zweigreaktanz entsprechende kapazitive Widerstand $\frac{1}{\omega C}$ kleiner ist als der der rechten Zweigreaktanz entsprechende induktive Widerstand ωL und in dem die beiden ohmschen Zweigwiderstände die im Bild 22 angegebenen Vorzeichen haben.

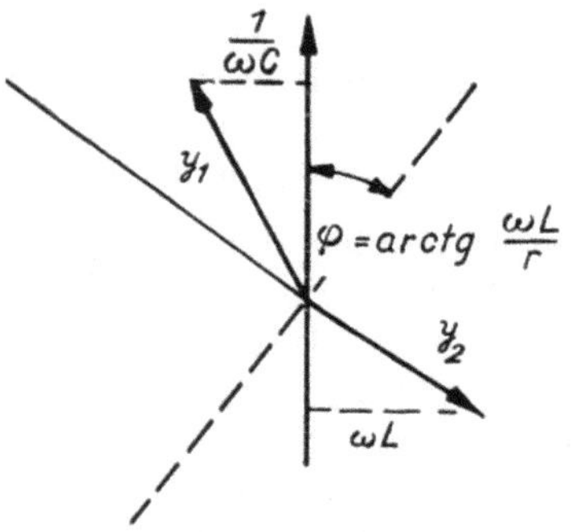

Bild 22. Stromdiagramm für $x < 1$.

Bild 22 zeigt das im Bereiche $x < 1$ gültige Stromdiagramm.

Der Fall einer rechteckförmigen Lichtbogenspannung.

Für den von uns behandelten Fall einer rechteckförmigen Lichtbogenspannung folgen aus den Gleichungen (56) die der Bedingung $x \leqq 1$ entsprechenden drei Ungleichungen für $\operatorname{tg}\frac{\vartheta}{4}$:

$$\left.\begin{array}{ll} \operatorname{tg}^3\frac{\vartheta}{4} - \operatorname{tg}^2\frac{\vartheta}{4}\cdot\frac{S+1}{\alpha S-\varrho} + \operatorname{tg}\frac{\vartheta}{4}\cdot\frac{\alpha S+\varrho}{\alpha S-\varrho} - \frac{S-1}{\alpha S-\varrho} < 0 & \text{für } \operatorname{tg}\frac{\vartheta}{2} - \varrho + \frac{2(S-1)}{\sin\vartheta} > 0 \\ \text{und } \left(\alpha S - \varrho\cos\frac{\vartheta}{2}\right) < -\left[(S-1)\operatorname{tg}\frac{\vartheta}{4} + \sin\frac{\vartheta}{2}\right] & \text{für } \varrho - \operatorname{tg}\frac{\vartheta}{2} - \frac{2(S-1)}{\sin\vartheta} > 0 \end{array}\right\} \left(\frac{X_r}{\omega L}\right)_1$$
$$\operatorname{tg}^3\frac{\vartheta}{4} - \operatorname{tg}^2\frac{\vartheta}{4}\cdot\frac{\alpha S+\varrho}{S-1} + \operatorname{tg}\frac{\vartheta}{4}\cdot\frac{S+1}{S-1} - \frac{\alpha S-\varrho}{S-1} > 0 \qquad \left(\frac{X_r}{\omega L}\right)_2 \quad (69)$$

Da die 2. Gleichung unerfüllbar ist, bleiben zur Ermittlung der die Geltungsbereiche der Formeln (57) und (58) bestimmenden kritischen Werte von $\operatorname{tg}\frac{\vartheta}{4}$ nur die erste und dritte Ungleichung übrig. Es sind algebraische Gleichungen 3. Ordnung, deren Lösung für bestimmte Werte der Konstanten S und ϱ sehr zeitraubend ist; aus diesem Grunde soll vorläufig nur der Fall $x = 1$ behandelt werden. Ihm entsprechen nach Gleichung (53) der maximal erreichbare Wert der Lichtbogenreaktanz und in bestimmten Bereichen von S und ϱ auch die betriebsmäßig erreichbaren Extremwerte beider oder wenigstens einer Zweigreaktanz.

Für $x = 1$ erhält man aus (55) die Beziehung

$$\left[\left(\frac{X_r}{\omega L}\right)_{1,2}\right]_{x=1} = \frac{(1+\varrho^2)\cdot\left[(S-1) \mp \alpha S \operatorname{tg}\frac{\vartheta}{2}\right]}{(S-1)^2 + (\alpha S - \varrho)^2 + S^2(1+\alpha^2)\operatorname{tg}^2\frac{\vartheta}{2} \pm 2S(\alpha-\varrho)\operatorname{tg}\frac{\vartheta}{2}}. \quad (70)$$

Differenziert man diese Gleichung nach $\operatorname{tg}\frac{\vartheta}{2}$ und setzt den Differentialquotienten gleich Null, so erhält man die Werte von $\operatorname{tg}\frac{\vartheta}{2}$, die die Reaktanzwerte zu Extremwerten machen. Für diese kritischen Werte von $\operatorname{tg}\frac{\vartheta}{2}$ ergibt sich die Beziehung

$$\left(\operatorname{tg}\frac{\vartheta}{2}\right)_{1,2} = \frac{1}{S}\left[(S-1)\sqrt{\frac{1+\alpha^2}{\alpha^2}} + \frac{\alpha-\varrho}{\sqrt{1-\alpha^2}}\right] \pm \frac{S-1}{\alpha S}. \quad (71)$$

Setzt man diesen Wert für $\operatorname{tg}\frac{\vartheta}{2}$ in (70) ein, so erhält man für die im Punkte $x = 1$ möglichen Extremwerte die Beziehung

$$\left[\left(\frac{X_r}{\omega L}\right)_{1,2}\right]_{\text{extrem}} = \mp\frac{1+\varrho^2}{2}\cdot\frac{1}{\left[\sqrt{1+\alpha^2} \pm 1\right]\left[(S-1)\frac{1+\alpha^2}{\alpha^2} + \frac{\alpha-\varrho}{\alpha}\right]}. \quad (72)$$

Im Punkte $x=1$ sind also Resonanzerscheinungen nicht mehr möglich; sie können in keinem Punkte des Betriebsbereiches mehr auftreten, da die hierzu notwendige Bedingung $\left(\frac{X_r}{\omega L}\right)_1 = -\left(\frac{X_r}{\omega L}\right)_2$ für keinen Wert von x erfüllbar ist, wie man mit Hilfe der Gleichung (55) leicht zeigen kann. Man erkennt

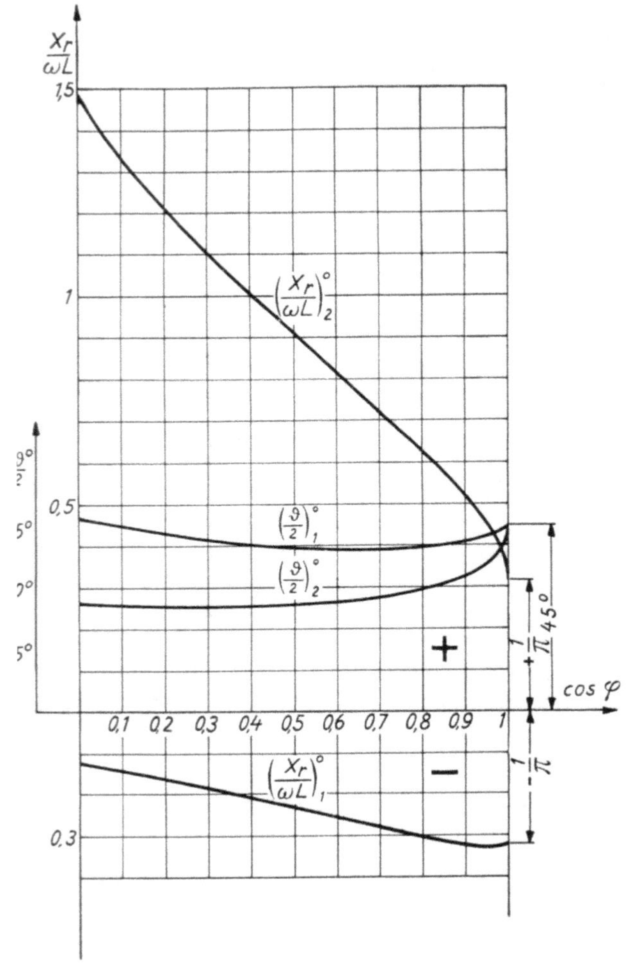

Bild 23. Verlauf der Extremwerte der beiden Zweigreaktanzen $\left(\frac{X_r}{\omega L}\right)_{1,2}$ und der zugehörigen halben Polradwinkel $\left(\frac{\vartheta}{2}\right)^0$ an der Stabilitätsgrenze ($x = 1$) in Funktion von $\cos\varphi = \cos \operatorname{arctg} \frac{\omega L}{r}$.

auch, daß die positiven Reaktanzwerte ihrem Betrage nach immer größer sind als die gleichzeitig bestehenden negativen Reaktanzwerte. Im Bild 23 sind die an der Kontinuitätsgrenze ($x=1$) bestehenden Extremwerte der beiden Zweigreaktanzen $\left(\frac{X_r}{\omega L}\right)_{1,2}$ sowie die zugehörigen halben Polradwinkel $\left(\frac{\vartheta}{2}\right)^0$ in Funktion von $\cos\varphi$ dargestellt. Zu bemerken ist, daß die auf diese Weise ermittelten Reaktanz-Extremwerte nur für größere Werte von ϱ tatsächlich die größtmöglichen darstellen. Der genaue Verlauf der tatsächlich im ungünstigsten Falle möglichen Extremwerte müßte unter Berücksichtigung der durch die kubischen Gleichungen (69) festgelegten Geltungsbereiche aus den Gleichungen (57) und (58) ermittelt werden.

Zusammenfassung.

Der symmetrische Fall: Kurzschlußstelle liegt in Leitungsmitte: wird sowohl für eine rein sinusförmige als auch für eine rechteckförmige Lichtbogenspannung eingehend behandelt. Die wichtigsten Ergebnisse der Untersuchung sind für die beiden Annahmen nachstehend angeführt.

A. Sinusförmige Lichtbogenspannung.

1. Die Lichtbogenreaktanzen der beiden Leitungszweige verschwinden nur dann, wenn der Polradwinkel der beiden einspeisenden Generatoren gleich Null ist.
2. Ist der Polradwinkel von Null verschieden, so registriert von zweien zu beiden Seiten in der Nähe der Kurzschlußstelle stationierten Reaktanzrelais ein Instrument immer einen kapazitiven, das andere einen induktiven Widerstand.
3. Die Absolutbeträge der beiden gemessenen Widerstände sind beim Betriebe unterhalb der Kontinuitätsgrenze (also beim Betriebe mit Überschußspannung) voneinander verschieden, und zwar ist der gemessene induktive Widerstand immer größer als der gleichzeitig vom zweiten Instrumente gemessene kapazitive Widerstand.
4. Beim Betriebe auf der Kontinuitätsgrenze tritt Resonanz ein, und die beiden gleichzeitig bestehenden Reaktanzwerte werden einander entgegengesetzt gleich. Der Lichtbogen verhält sich in diesem Falle wie ein unverstimmter, dämpfungsfreier Resonanzkreis, in dessen kapazitivem Zweige ein positiver, in dessen induktivem Zweige ein gleich großer negativer Widerstand wirksam ist.
5. Ist der Netzwinkel $\left(\varphi = \operatorname{arctg} \frac{\omega L}{r}\right)$ kleiner als der geviertelte Polradwinkel $\left(\frac{\vartheta}{4}\right)$, so liegen die Maxima beider Zweigreaktanzen jenseits der Kontinuitätsgrenze. Mit zunehmender Annäherung an diese wachsen daher die Absolutbeträge der gleichzeitig bestehenden Reaktanzwerte immer mehr an und können beliebig hohe Werte erreichen.
6. Ist der Netzwinkel größer als der geviertelte Polradwinkel, aber kleiner als dessen Komplementärwinkel $\left(90^0 - \frac{\vartheta}{4}\right)$, so liegen die Maxima der induktiven Zweigreaktanz schon diesseits der Kontinuitätsgrenze und können beliebig hohe

Werte annehmen. Die Maxima der kapazitiven Zweigreaktanz werden erst auf der Kontinuitätsgrenze selbst erreicht; auch ihre Absolutbeträge können beliebig hohe Werte annehmen.

7. Ist der Netzwinkel (φ) größer als der Komplementärwinkel des geviertelten Polradwinkels $\left(90^0 - \frac{\vartheta}{4}\right)$ so können die Maxima der induktiven Zweigreaktanz auch in dieser Zone beliebig hohe Werte annehmen, während die Maxima der kapazitiven Zweigreaktanz nicht größer als die halbe Leitungsreaktanz $\left(\frac{\omega L}{2}\right)$ werden können.

B. Rechteckförmige Lichtbogenspannung.

1. Die Lichtbogenreaktanzen der beiden Leitungszweige verschwinden auch dann nicht, wenn der Polradwinkel gleich Null wird; sie sind in diesem Falle gleich groß und können auf der Kontinuitätsgrenze einen Wert von etwa 35% des Reaktanzwertes eines Leitungszweiges $\left(\approx \frac{\omega L}{3}\right)$ erreichen.
2. Ist der Polradwinkel von Null verschieden, so messen zwei zu beiden Seiten der Kurzschlußstelle stationierte Reaktanzrelais entweder zwei verschieden große induktive Widerstände oder aber einen induktiven und einen dem Betrage nach kleineren kapazitiven Widerstand. Resonanzerscheinungen treten also in keinem Punkte des Betriebsbereiches auf.
3. Für jeden Wert des Netzwinkels φ gibt es ein innerhalb des brauchbaren Betriebsbereiches liegendes (echtes oder unechtes) kapazitives oder induktives Maximum.

   Für bestimmte Werte von Polrad- und Netzwinkel ist die Berechnung dieser (partiellen) Maxima sehr mühevoll, da die Kriterien für ihre Lage innerhalb oder außerhalb des nutzbaren Betriebsbereiches durch kubische Gleichungen für die Tangente des geviertelten Polradwinkels gegeben sind.

Aus diesem Grunde wurde nur der Betrieb auf der Kontinuitätsgrenze zahlenmäßig untersucht. Diesem speziellen Falle entsprechen der größte überhaupt mögliche Wert der totalen Lichtbogenreaktanz und in bestimmten Bereichen des Netzwinkels φ (bzw. von ϱ und damit von S) auch die betriebsmäßig erreichbaren Extremwerte beider oder wenigstens einer Zweigreaktanz.

Die Ergebnisse der Untersuchung sind in Bild 23 kurvenmäßig dargestellt. Auf der Kontinuitätsgrenze kann ein induktiver Widerstand von etwa 150% und ein kapazitiver Widerstand von etwa 33% des Reaktanzwertes eines Leitungszweiges (ωL) gemessen werden.

C. Schlußbemerkung.

Bei der Erfassung von zweiseitig (allgemein mehrseitig) gespeisten Lichtbogen-Kurzschlüssen messen zwei gleich weit von der Kurzschlußstelle entfernte Impedanzrelais im allgemeinen verschieden große Impedanzwerte; doch ist der auftretende Meßfehler immer positiv, d. h. an beiden Meßstellen wird eine größere Entfernung der Fehlerstelle vorgetäuscht. Im Gegensatz hierzu kann von zwei gleich weit von der Kurzschlußstelle entfernten Reaktanzrelais[5]) ein Meßinstrument einen negativen Meßfehler aufweisen und auf diese Weise zu fehlerhaften Schnellabschaltungen führen; bei sinusförmiger Lichtbogenspannung und Messung in unmittelbarer Nähe der Kurzschlußstelle ist dies stets der Fall.

[5]) In der ETZ 61 (1940) 24, 541, hat H. Gutmann das Verhalten von Reaktanzrelais bei zweiseitig gespeisten Kurzschlüssen unter Zugrundelegen einer sinusförmigen Kurzschlußspannung und eines Kurzschlußwidersandes ohmschen Charakters untersucht und gefunden, daß in diesem Falle Reaktanzrelais im Gegensatz zu Impedanzrelais sehr erhebliche negative Meßfehler aufweisen und damit zu Fehlauslösungen in Schnellzeit führen können. Dieses ungünstige Verhalten von Reaktanzrelais steigert sich noch bei der Erfassung von Lichtbogen-Kurzschlüssen mit sinusförmiger Bogenspannung, da nach den Ergebnissen unserer Untersuchung in diesem Falle von zwei zu beiden Seiten nahe der Kurzschlußstelle stationierten Reaktanzrelais ein Instrument immer einen kapazitiven Widerstand mißt.

Lichtbogenkurzschlüsse in Wechselstromnetzen und ihre Erfassung durch Reaktanz- und Impedanzmessungen.

3. Teil.

Lichtbogen-Parallelwiderstände.

Unter Zugrundelegen einer rechteckförmigen bzw. sinusförmigen Bogenspannungsform wird die meßtechnische Erfassung von Lichtbogen-Parallelwiderständen durch Reaktanzmessungen behandelt und der Einfluß verschiedener Arten von Lichtbogen-Parallelwiderständen auf die Stabilität des Lichtbogens untersucht.

Grundannahmen.

Wir legen unseren Betrachtungen das Schaltbild 24 zugrunde. Die an den innerhalb des speisenden Generators liegenden Spannungsfixpunkten K_i wirkende Generatorspannung e sei sinusförmig angenommen. Am Lichtbogen liege ein Serienwiderstand allgemeiner Natur. Die Lichtbogenspannung habe Rechteckform. Als Anfangspunkt für die Zeitzählung wird der Augenblick des Nulldurchgangs des Lichtbogenstromes gewählt. Zu diesem Zeitpunkte betrage der Voreilwinkel der Generatorspannung gegenüber der Grundwelle der Bogenspannung φ_0.

Berechnung des Netzstromes i_s.

Der Netzstrom i_s berechnet sich aus der Differenrentialgleichung

$$e = i_s r + i'_s L + E \qquad (73)$$

zu

$$i_s = \frac{\mathfrak{E}}{\sqrt{r^2 + \omega^2 L^2}} \sin\left(x + \varphi_0 - \operatorname{arctg}\frac{\omega L}{r}\right) - \frac{E}{r} + K\varepsilon^{-\frac{r}{\omega L}x}. \qquad (74)$$

Die Konstante K berechnet sich aus der für stationären Betrieb geltenden Randbedingung

$$(i_s)_{x=0} = -(i_s)_{x=\pi} \qquad (75)$$

zu

$$K = \frac{2E}{r} \frac{1}{1+\varepsilon^{-\frac{r}{\omega L}\pi}}. \qquad (76)$$

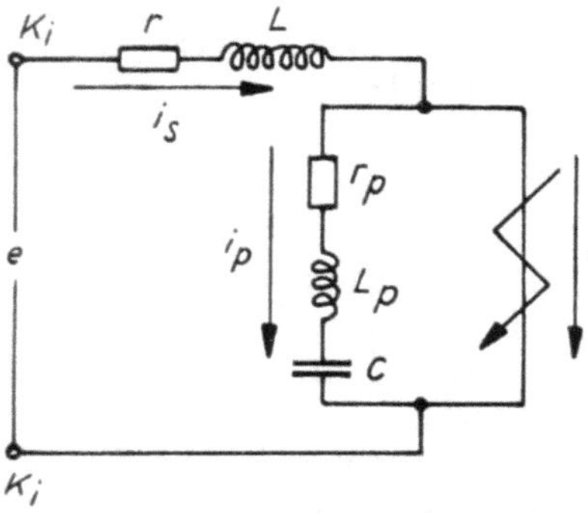

Bild 24. Ersatzschaltung eines netzgespeisten Lichtbogenkurzschlusses mit endlichem Nebenwiderstand.

Mit diesem Werte von K und der Abkürzung $\frac{r}{\omega L} = \varrho$ ergibt sich für i_s aus Gleichung (74) die Beziehung

$$i_s = -\frac{\mathfrak{E}}{\sqrt{r^2 + \omega^2 L^2}} \cos(x + \varphi_0 + \operatorname{arctg}\varrho) + \frac{E}{\omega L}\left[\frac{2\varepsilon^{-\varrho x}}{1+\varepsilon^{-\varrho\pi}} - 1\right]. \qquad (77)$$

Berechnung des Parallelstromes.

Bezeichnet man die zur Kreiszeit $x = 0$ am Kondensator liegende Spannung mit $(-E_0)$, so ergibt sich der Parallelstrom i_p aus der Differentialgleichung

$$E = i_p r_p + i'_p L_p + \frac{1}{C}\int_0^t i_p\, dt - E_0 \qquad (78)$$

zu:

$$i_p = C_1 \varepsilon^{-\alpha_1 t} + C_2 \varepsilon^{-\alpha_2 t}; \qquad (79)$$

darin ist $\alpha_{1,2} = \frac{r_p}{2L_p} \pm \sqrt{\left(\frac{r_p}{2L_p}\right)^2 - \frac{1}{CL_p}} = a \pm b$. (80)

Die Konstanten E_0, C_1 und C_2 erhält man aus nachstehenden drei Randbedingungen für den stationären Fall:

1. Der zur Kreiszeit $x = 0$ bestehende Stromwert muß entgegengesetzt gleich sein dem zur Kreiszeit $x = \pi$ bestehenden; es besteht also die Gleichung

$$(i_p)_{x=0} = -(i_p)_{x=\pi}. \qquad (81)$$

Diese Bedingung liefert für die Konstanten C_1 und C_2 die Beziehung

$$C_2 = -C_1 \frac{1 + \varepsilon^{-\frac{\alpha_1}{\omega}\pi}}{1 + \varepsilon^{-\frac{\alpha_2}{\omega}\pi}}. \qquad (82)$$

2. Die Gleichung (78) muß jederzeit, also auch zur Kreiszeit $x = 0$, erfüllt sein. Aus den beiden Gleichungen (78) und (79) ergibt sich für diese Bedingung die Konstantenbeziehung

$$C_1 \alpha_2 + C_2 \alpha_1 = \frac{E + E_0}{L_p}. \qquad (83)$$

3. Während des Zeitintervalles von $x = 0$ bis $x = \pi$ wird der Kondensator umgeladen. Am Ende der Umladung muß die Kondensatorspannung entgegengesetzt gleich sein der Kondensatorspannung am Beginn der Umladung. Es besteht die aus (78) folgende Beziehung

$$\frac{1}{C}\int_{t=0}^{t=\frac{\pi}{\omega}} i_p\, dt = 2E_0. \qquad (84)$$

Mit Hilfe der Gleichung (79) folgt aus dieser Gleichung die dritte noch fehlende Konstantenbeziehung:

$$\alpha_2 C_1\left(1 - \varepsilon^{-\frac{\alpha_1}{\omega}\pi}\right) + \alpha_1 C_2\left(1 - \varepsilon^{-\frac{\alpha_2}{\omega}\pi}\right) = 2\alpha_1\alpha_2 CE_0. \qquad (85)$$

Aus den drei Gleichungen (82), (83) und (85) folgen für die drei Konstanten die Ausdrücke

$$C_1 = -\frac{E}{bL_p}\frac{1}{1+\varepsilon^{-\frac{\alpha_1}{\omega}\pi}},$$

$$C_2 = +\frac{E}{bL_p}\frac{1}{1+\varepsilon^{-\frac{\alpha_2}{\omega}\pi}} \qquad (86)$$

und $E_0 = \begin{cases} E\dfrac{\mathfrak{Sin}\dfrac{\pi a}{\omega} - \dfrac{a}{b}\mathfrak{Sin}\dfrac{b\pi}{\omega}}{\mathfrak{Cof}\dfrac{a\pi}{\omega} + \mathfrak{Cof}\dfrac{b\pi}{\omega}} \\ \quad\text{im aperiodischen Falle,} \\[1em] E\dfrac{\mathfrak{Sin}\dfrac{a\pi}{\omega} - \dfrac{a\pi}{\omega}}{\mathfrak{Cof}\dfrac{a\pi}{\omega} + 1} \\ \quad\text{im aperiodischen Grenzfalle,} \\[1em] E\dfrac{\mathfrak{Sin}\dfrac{a\pi}{\omega} - \dfrac{a}{b}\sin\dfrac{b\pi}{\omega}}{\mathfrak{Cof}\dfrac{a\pi}{\omega} + \cos\dfrac{b\pi}{\omega}} \\ \quad\text{im periodischen Falle.} \end{cases}$

Darin bedeuten: (87)

$$a=\frac{r_p}{2L_p},\quad b=\sqrt{\left(\frac{r_p}{2L_p}\right)^2-\frac{1}{CL_p}}\ \text{und}\ \mathfrak{b}=\sqrt{\frac{1}{CL_p}-\left(\frac{r_p}{2L_p}\right)^2}.$$

Setzt man die durch das Gleichungssystem (86) definierten Werte der Konstanten C_1 und C_2 in (79) ein, so erhält man für den Parallelstrom i_p die Beziehung

$$i_p=\begin{cases}\dfrac{E}{bL_p}\,\varepsilon^{-\frac{a}{\omega}x}\,\dfrac{\varepsilon^{\frac{a}{\omega}\pi}\,\mathfrak{Sin}\,\dfrac{bx}{\omega}-\mathfrak{Sin}\,\dfrac{b(\pi-x)}{\omega}}{\mathfrak{Cof}\,\dfrac{a\pi}{\omega}+\mathfrak{Cof}\,\dfrac{b\pi}{\omega}} & \text{im aperiodischen Falle,}\\[2ex] \dfrac{E}{\omega L_p}\,\varepsilon^{-\frac{a}{\omega}x}\,\dfrac{\varepsilon^{\frac{a}{\omega}\pi}\,x-(\pi-x)}{\mathfrak{Cof}\,\dfrac{a\pi}{\omega}+1} & \text{im aperiodischen Grenzfalle,}\\[2ex] \dfrac{E}{\mathfrak{b}L_p}\,\varepsilon^{-\frac{a}{\omega}x}\,\dfrac{\varepsilon^{\frac{a}{\omega}\pi}\sin\dfrac{\mathfrak{b}x}{\omega}-\sin\dfrac{\mathfrak{b}(\pi-x)}{\omega}}{\mathfrak{Cof}\,\dfrac{a\pi}{\omega}+\cos\dfrac{\mathfrak{b}\pi}{\omega}} & \text{im periodischen Falle.}\end{cases}\tag{88}$$

Berechnung des Lichtbogenstromes i_B.

Der Lichtbogenstrom i_B ist der Differenzstrom aus dem Netzstrome i_s und dem durch den Parallelwiderstand fließenden Strome i_p; er ist durch die folgende Beziehung gegeben:

$$i_B=-\frac{\mathfrak{E}}{\omega L\sqrt{1+\varrho^2}}\cos(x+\varphi_0+\operatorname{arctg}\varrho)+\frac{E}{r}\left[\frac{2\,\varepsilon^{-\varrho x}}{1+\varepsilon^{-\varrho x}}-1\right]-i_p\,;\tag{89}$$

darin ist i_p durch das Gleichungssystem (88) definiert.

Berechnung des Voreilwinkels.

Zur Kreiszeit $x=0$ muß $i_B=0$ sein. Diese Bedingung liefert für φ_0 die Bestimmungsgleichung:

$$\cos(\varphi_0+\operatorname{arctg}\varrho)=\begin{cases}\dfrac{\lambda}{\sqrt{1+\varrho^2}}\left\{\dfrac{\pi}{4}(1+\varrho^2)\left[\dfrac{\mathfrak{Tg}\frac{\varrho\pi}{2}}{\varrho}+\dfrac{L}{L_p}\,\dfrac{\mathfrak{Sin}\frac{b\pi}{\omega}\Big/\frac{b}{\omega}}{\mathfrak{Cof}\frac{a\pi}{\omega}+\mathfrak{Cof}\frac{b\pi}{\omega}}\right]\right\}=\dfrac{\lambda}{\sqrt{1+\varrho^2}}[S+S_p]\,,\\[2ex] \dfrac{\lambda}{\sqrt{1+\varrho^2}}\left\{\dfrac{\pi}{4}(1+\varrho^2)\left[\dfrac{\mathfrak{Tg}\frac{\varrho\pi}{2}}{\varrho}+\dfrac{L}{L_p}\,\dfrac{\pi}{\mathfrak{Cof}\frac{a\pi}{\omega}+1}\right]\right\}=\dfrac{\lambda}{\sqrt{1+\varrho^2}}[S+S_p]\,,\\[2ex] \dfrac{\lambda}{\sqrt{1+\varrho^2}}\left\{\dfrac{\pi}{4}(1+\varrho^2)\left[\dfrac{\mathfrak{Tg}\frac{\varrho\pi}{2}}{\varrho}+\dfrac{L}{L_p}\,\dfrac{\sin\frac{\mathfrak{b}\pi}{\omega}\Big/\frac{\mathfrak{b}}{\omega}}{\mathfrak{Cof}\frac{a\pi}{\omega}+\cos\frac{\mathfrak{b}\pi}{\omega}}\right]\right\}=\dfrac{\lambda}{\sqrt{1+\varrho^2}}[S+S_p]\,.\end{cases}\tag{90}$$

Dabei entspricht die erste Formel dem aperiodischen Falle, die zweite dem aperiodischen Grenzfalle und die dritte dem periodischen Falle. Die dem Parallelwiderstande entsprechenden Zusatzglieder werden in der Folge mit S_p bezeichnet, für die den Netzwiderständen entsprechenden Glieder wird die bisherige Bezeichnungsweise (S) beibehalten.

Aufstellung der Kontinuitätsbedingung.

Der Lichtbogen besteht nur dann lückenlos, wenn der Bogenstrom nach dem Nulldurchgang ansteigende Tendenz hat. Zur Kreiszeit $x=0$ muß also gelten: $(i'_B)_{x=0}\geqq 0$. Dieser Bedingung entspricht nach Gleichung (90) die Beziehung

$$\begin{aligned}\sin(\varphi_0+\operatorname{arctg}\varrho)\geqq{}&\frac{\lambda}{\sqrt{1+\varrho^2}}\left\{\frac{\pi}{4}(1+\varrho^2)\left[\frac{\mathfrak{Tg}\frac{\varrho\pi}{2}}{\varrho}\,\underbrace{\frac{2\varrho}{1-\varepsilon^{-\varrho\pi}}}_{\alpha}+\frac{L}{L_p}\,\frac{\varepsilon^{\frac{a\pi}{\omega}}+\mathfrak{Cof}\frac{b\pi}{\omega}+\frac{a}{b}\mathfrak{Sin}\frac{b\pi}{\omega}}{\mathfrak{Cof}\frac{a\pi}{\omega}+\mathfrak{Cof}\frac{b\pi}{\omega}}\right]\right\}=\frac{\lambda}{\sqrt{1+\varrho^2}}[\alpha S+\alpha_p S_p]\,,\\ ={}&\frac{\lambda}{\sqrt{1+\varrho^2}}\left\{\frac{\pi}{4}(1+\varrho^2)\left[\frac{\mathfrak{Tg}\frac{\varrho\pi}{2}}{\varrho}\,\underbrace{\frac{2\varrho}{1-\varepsilon^{-\varrho\pi}}}_{\alpha}+\frac{L}{L_p}\,\frac{\varepsilon^{\frac{a\pi}{\omega}}+1+\frac{a\pi}{\omega}}{\mathfrak{Cof}\frac{a\pi}{\omega}+1}\right]\right\}=\frac{\lambda}{\sqrt{1+\varrho^2}}[\alpha S+\alpha_p S_p]\,,\\ ={}&\frac{\lambda}{\sqrt{1+\varrho^2}}\left\{\frac{\pi}{4}(1+\varrho^2)\left[\frac{\mathfrak{Tg}\frac{\varrho\pi}{2}}{\varrho}\,\underbrace{\frac{2\varrho}{1-\varepsilon^{-\varrho\pi}}}_{\alpha}+\frac{L}{L_p}\,\frac{\varepsilon^{\frac{a\pi}{\omega}}+\cos\frac{\mathfrak{b}\pi}{\omega}+\frac{a}{\mathfrak{b}}\sin\frac{\mathfrak{b}\pi}{\omega}}{\mathfrak{Cof}\frac{a\pi}{\omega}+\cos\frac{\mathfrak{b}\pi}{\omega}}\right]\right\}=\frac{\lambda}{\sqrt{1+\varrho^2}}[\alpha S+\alpha_p S_p]\,.\end{aligned}\tag{91}$$

Die erste Formel entspricht wieder dem aperiodischen Falle, die zweite dem aperiodischen Grenzfalle und die dritte dem periodischen Falle. Das Gleichungssystem (91) unterscheidet sich vom Gleichungssystem (90) durch das Auftreten der mit α bzw. α_p bezeichneten Faktoren.

Aus den Gleichungen (90) und (91) folgt für $\lambda_{\max} = \left(\frac{4}{\pi}\frac{E}{\mathfrak{E}}\right)_{\max}$ die Beziehung

$$i_p = \frac{E}{\omega_e L_p}\,\varepsilon^{-\frac{a}{\omega}x}\,\frac{\sqrt{1+2\varepsilon^{\frac{a\pi}{\omega}}\cos n\pi+\varepsilon^{\frac{2a\pi}{\omega}}}}{\mathfrak{Cof}\,\frac{a\pi}{\omega}+\cos n\pi}\,\sin\left(\omega_e t-\operatorname{arctg}\frac{\sin n\pi}{\varepsilon^{\frac{a\pi}{\omega}}+\cos n\pi}\right). \tag{94}$$

(92)

$$\lambda_{\max} \leqq \sqrt{\frac{1+\varrho^2}{(S+S_p)^2+(\alpha S+\alpha_p S_p)^2}} = \sqrt{\frac{1+\varrho^2}{(S')^2+(\alpha' S')^2}}.$$

Vergleicht man diese Beziehung mit der ihr im Falle $\vartheta=0$ entsprechenden Gleichung (50) des 2. Teils dieses Aufsatzes, so erkennt man, daß sie sich von ihr durch die neu hinzugekommenen Glieder S_p und $\alpha_p S_p$ unterscheidet. Das Glied $\alpha_p S_p$ ist in allen drei behandelten Fällen positiv, während das Glied S_p im periodischen Falle auch negativ sein kann. Im aperiodischen Falle und im aperiodischen Grenzfalle wird daher die Stabilität des Lichtbogens immer vermindert.

Im periodischen Falle kann unter Umständen eine Stabilitätssteigerung eintreten. Der günstigste Fall liegt dann vor, wenn der Parallelkreis dämpfungsfrei, r_p also gleich Null ist. Dann ist $\alpha_p S_p = \frac{\pi}{4}(1+\varrho^2)\frac{L}{L_p}$, für $\frac{L}{L_p}$ = konstant daher auch konstant. Die größtmögliche Stabilitätssteigerung tritt also für $S_p = -S$ ein, wie aus (92) folgt. Der ihr entsprechende größtmögliche Wert von $\lambda_{\max}$ ergibt sich zu:

$$(\lambda_{\max})_{r_p=0} = \sqrt{\frac{1+\varrho^2}{(\alpha S+\alpha_p S_p)^2}}. \tag{92a}$$

Als Bedingung dafür, daß dieser Wert tatsächlich größer ist als der dem Parallelwiderstand $r_p=\infty$ entsprechende und durch Gleichung (50) bestimmte, ergibt sich die Beziehung

$$\left[\frac{\mathfrak{Tg}\,\frac{\varrho\pi}{2}}{\varrho}\right]^2 > \frac{L}{L_p}\left[2\,\frac{\mathfrak{Tg}\,\frac{\varrho\pi}{2}}{\varrho}\,\frac{2\varrho}{1-\varepsilon^{-\varrho\pi}}+\frac{L}{L_p}\right]. \tag{93}$$

Man erkennt, daß diese Bedingung um so leichter zu erfüllen ist, je kleiner $\frac{L}{L_p}$ ist; anderseits ist sie um so schwerer zu erfüllen, je größer ϱ, also die Dämpfung im Netzteile, ist. Man kann daher sagen, daß eine Stabilitätssteigerung im periodischen Falle um so eher eintreten kann, je kleiner die Leistungsfaktoren des Netz- und des Parallelwiderstandes sind. Im folgenden Abschnitt soll der periodische Fall eingehender diskutiert werden.

Periodischer Fall (Schaltbild 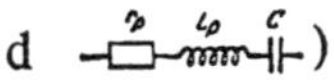). Allgemeines.

Faßt man in Gleichung (88) die beiden um den Winkel $n\pi$ gegeneinander phasenverschobenen Stromkomponenten zusammen und bezeichnet man das Verhältnis der Eigenfrequenz (f_e) zur Netzfrequenz (f) mit n, so erhält man für i_p die Beziehung

Der Parallelkreis wird also von einem Wechselstrom durchflossen, dessen Grundfrequenz zwar die Netzfrequenz ist, der aber mit der Eigenfrequenz f_e des Schwingungskreises hin und her schwingt. Besonders ausgezeichnet sind die Fälle, bei denen n eine ganze Zahl ist. Für i_p ergibt sich dann der Ausdruck

$$i_p = \frac{E}{\omega_e L_p}\,\varepsilon^{-\frac{a}{\omega}x}\,\frac{\varepsilon^{\frac{a\pi}{\omega}}\pm 1}{\mathfrak{Cof}\,\frac{a\pi}{\omega}\pm 1}\,\sin\omega_e t. \tag{95}$$

In dieser Gleichung gilt das Zeichen + für gerade, das Zeichen — für ungerade Werte von n.

Man erkennt, daß eine von der reinen Sinusform abweichende Lichtbogenspannung in schwingungsfähigen Leitergebilden das Auftreten eigenfrequenter Wechselströme ermöglicht, deren Amplituden für ungerade Werte von n und schwache Dämpfung sehr große Werte annehmen können. Diese eigenfrequenten Wechselströme fließen als Kurzschlußströme in der aus Lichtbogen und Parallelkreis gebildeten Leiterschleife und werden daher von Meßinstrumenten in der Leitung nicht registriert. Man kann von einer Abschirmwirkung des Lichtbogens sprechen; das Netz wirkt nur als Energielieferant und Umsteuerorgan.

Diese eigenfrequenten Wechselströme überlagern sich im Lichtbogen dem vom Netz zufließenden, durch (77) definierten Strom i_s und verstärken und schwächen ihn im Rhythmus der Eigenfrequenz. Dabei soll nur der Fall betrachtet werden, daß die Lichtbogenspannung während dieser Pulsationen nicht umschlägt, der Lichtbogenstrom also während einer halben Netzfrequenzperiode seine Richtung immer beibehält; denn nur für diesen Fall gelten alle bisher abgeleiteten Beziehungen. Wir begnügen uns hier mit der Feststellung, daß andernfalls solche „wilde Schwingungen" mit großen Stromamplituden bei schwacher Dämpfung sehr wohl auftreten und große Zerstörungen anrichten können. In diesem Falle werden die eigenfrequenten

Stromschwankungen auch auf das speisende Netz und die Netzgeneratoren übertragen.

Bei dieser Gelegenheit soll auf die grundsätzliche Möglichkeit hingewiesen werden, die vom Lichtbogen in parallel geschalteten Schwingungskreisen angeregten eigenfrequenten Schwingungen zur Verbesserung der Schweißeigenschaften des Wechselstromlichtbogens zu benutzen, bei dem Stabilität und Güte der Schweißung mit wachsender Frequenz zunehmen. Durch Parallelschalten eines geeignet dimensionierten Schwingungskreises zum Schweißlichtbogen läßt sich dies erreichen.

Periodischer Fall (Schaltbild 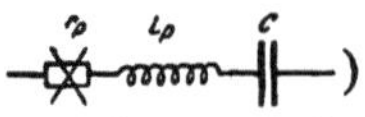). Aufstellung der Reaktanzformeln. Kann man die Dämpfung des Parallelkreises vernachlässigen, so nehmen die Beziehungen (90) und (91) folgende Gestalt an:

$$\cos(\varphi_0+\operatorname{arctg}\varrho)=\frac{\lambda}{\sqrt{1+\varrho^2}}\left\{\frac{\pi}{4}(1+\varrho^2)\left[\frac{\mathfrak{Tg}\,\frac{\varrho\pi}{2}}{\varrho}+\frac{L}{L_p}\,\frac{\operatorname{tg}\frac{n\pi}{2}}{n}\right]\right\}=\frac{\lambda}{\sqrt{1+\varrho^2}}\,[S+S_p] \qquad (96)$$

und

$$\sin(\varphi_0+\operatorname{arctg}\varrho)\geqq\frac{\lambda}{\sqrt{1+\varrho^2}}\left\{\frac{\pi}{4}(1+\varrho^2)\left[\frac{\mathfrak{Tg}\,\frac{\varrho\pi}{2}}{\varrho}\,\underbrace{\frac{2\varrho}{1-\varepsilon^{-\varrho\pi}}}_{\alpha}+\frac{L}{L_p}\,\frac{\operatorname{tg}\frac{n\pi}{2}}{n}\,\underbrace{\frac{n}{\operatorname{tg}\frac{n\pi}{2}}}_{\alpha_p}\right]\right\}=\frac{\lambda}{\sqrt{1+\varrho^2}}\,[\alpha S+\alpha_p S_p]\,. \qquad (97)$$

Wird S_p negativ und dem Betrage nach größer als S, so wird $\cos(\varphi_0+\operatorname{arctg}\varrho)$ negativ, während $\sin(\varphi_0+\operatorname{arctg}\varrho)$ positiv bleibt. Der Winkel $(\varphi_0+\operatorname{arctg}\varrho)$ liegt also im zweiten Quadranten, während der Winkel $\frac{n\pi}{2}$ im zweiten oder vierten Quadranten liegen kann.

Nach Gleichung (28) des 1. Teils ist $\left(\frac{X_r}{\omega L}\right)_{\max}$ durch den Ausdruck gegeben:

$$\left(\frac{X_r}{\omega L}\right)_{\max}=\frac{(S-1)(1+\varrho^2)}{(S-1)^2+(\alpha S-\varrho)^2}\,. \qquad (98)$$

Diese Beziehung können wir auch für den vorliegenden Fall verwenden, wenn wir sinngemäß S durch S' und αS durch $\alpha' S'$ ersetzen.
Es ergibt sich die Beziehung

$$\left(\frac{X_r}{\omega L}\right)_{\max}=\frac{(S'-1)(1+\varrho^2)}{(S'-1)^2+(\alpha' S'-\varrho)^2}\,. \qquad (99)$$

Führt man in diese Beziehung für S' und $\alpha' S'$ die durch die Gleichungen (96) und (97) bestimmten Substitutionen ein, so ergibt sich der Ausdruck

$$\left(\frac{X_r}{\omega L}\right)_{\max}=\frac{[(S-1)+S_p](1+\varrho^2)}{[(S-1)+S_p]^2+[(\alpha S-\varrho)+\alpha_p S_p]^2}\,. \qquad (100)$$

Wir wollen nun bestimmen, für welchen Wert von S_p dieses partielle Maximum seine Extremwerte erreicht. Als variabler Widerstand wird also der Parallelwiderstand betrachtet. Nach (96) ist S_p die Abkürzung für den Ausdruck

$$\frac{L}{L_p}\left[\frac{\pi}{4}\,\frac{\operatorname{tg}\frac{n\pi}{2}}{n}\,(1+\varrho^2)\right].$$

Denkt man sich den Parallelkreiswiderstand mit Hilfe des Kondensators geregelt, so ist $\frac{L}{L_p}$ konstant und die eigentliche Variable des Problems ist der Ausdruck $\frac{\operatorname{tg}\frac{n\pi}{2}}{n}=\frac{\operatorname{tg}\left(\frac{f_e}{f}\frac{\pi}{2}\right)}{\frac{f_e}{f}}$. Das Produkt $\alpha_p S_p$ im Nenner der Gleichung (100) ist nach (97) die Abkürzung für den Ausdruck $\frac{L}{L_p}\frac{\pi}{4}(1+\varrho^2)$, ist also nach unserer Annahme eine Konstante. Man kann daher (100) nach $(S-1+S_p)$ differenzieren und erhält für die kritischen Werte von $(S-1+S_p)$, für die das partielle Maximum $(X_r/\omega L)_{\max}$ seine Extremwerte erreicht, die Beziehung

$$[(S-1)+S_p]=\pm[(\alpha S-\varrho)+\alpha_p S_p]. \qquad (101)$$

Aus dieser Gleichung erhält man mit Berücksichtigung der in den Gleichungen (96) und (97) gegebenen Definitionsformeln der Symbole S_p und $\alpha_p S_p$ für die Variable des Problems die Beziehung

$$\frac{\operatorname{tg}\frac{n\pi}{2}}{n}=\frac{\pm(\alpha S-\varrho)-(S-1)}{\frac{\pi}{4}(1+\varrho^2)\frac{L}{L_p}}\pm 1\,. \qquad (102)$$

Für die Extremwerte von $\left(\frac{X_r}{\omega L}\right)_{\max}$ ergibt sich der Ausdruck

$$\left[\left(\frac{X_r}{\omega L}\right)_{\max}\right]_{\text{extrem}}=\frac{\pm 1}{2\left[\frac{\alpha S-\varrho}{1+\varrho^2}+\frac{L}{L_p}\frac{\pi}{4}\right]}\,. \qquad (103)$$

Periodischer Fall (Schaltbild 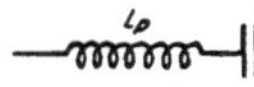). Diskussion der Reaktanzformeln und Reaktanzmessung.

Wir wollen bestimmen, zwischen welchen Werten sich die durch die Gleichungen (102) und (103) definierten Größen bewegen können. Zu diesem Zwecke bestimmen wir die Werte dieser Größen in den Betriebsfällen $\varrho=0$ und $\varrho=\infty$.

Für $\varrho=0$ ergeben sich die Ausdrücke

$$\frac{\operatorname{tg}\frac{n\pi}{2}}{\frac{n\pi}{2}} = \pm\frac{2}{\pi}\left(1+\frac{L_p}{L}\right) - \frac{L_p}{L}\left(1-\frac{8}{\pi^2}\right) \text{ und } (X_r)_{\text{extrem}} = \pm\frac{2}{\pi}\,\frac{\omega^2 L\, L_p}{\omega\,(L+L_p)}\,. \tag{104}$$

Für $\varrho=\infty$ erhält man

$$\frac{\operatorname{tg}\frac{n\pi}{2}}{\frac{n\pi}{2}} = \pm\left(1+\frac{L_p}{L}\right) \text{ und } (X_r)_{\text{extrem}} = \pm\frac{2}{\pi}\,\frac{\omega^2 L\, L_p}{\omega\,(L+2\,L_p)} \approx \frac{\pm 2}{\pi}\,\frac{\omega L}{2}\,. \tag{105}$$

Man kann also sagen, daß die ihrem Betrage nach größten Reaktanzwerte, die in irgend einem auf der Stabilitätsgrenze liegenden Betriebspunkte gemessen werden können, zwischen den Werten $\frac{2}{\pi}\,\frac{\omega^2 L\, L_p}{\omega\,(L+L_p)}$ und $\frac{2}{\pi}\,\frac{\omega^2 L\, L_p}{\omega\,(L+2\,L_p)}$ liegen müssen. Sie können durch das in Bild 25 gezeigte Ersatzschema dargestellt werden. Als größter Reaktanz-

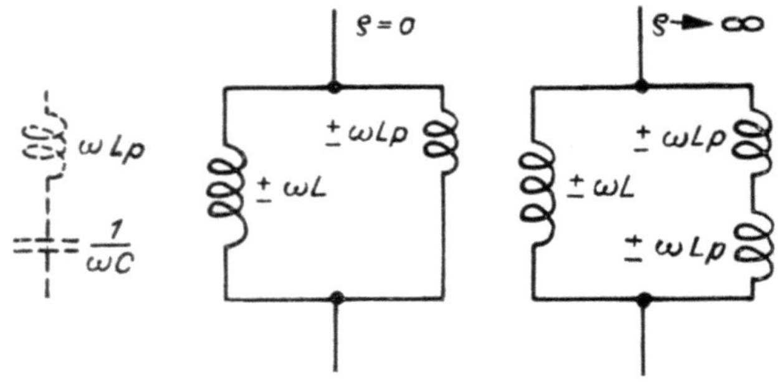

Bild 25. Wahre Reaktanz und gemessene Reaktanzextremwerte auf der Stabilitätsgrenze.

wert wird die aus der Netz- und der ganzen oder der halben Parallelkreisinduktanz bestehende Widerstandskombination als induktiver oder kapazitiver Widerstand gemessen. Bemerkenswert ist noch die Frage, ob die jetzt gemessenen Reaktanzextremwerte ihrem Betrage nach größer oder kleiner sind als die durch (98) bestimmten, dem Falle $r_p=\infty$ entsprechenden. Zu diesem Zwecke ermitteln wir aus Gleichung (98) die Reaktanzwerte für die Betriebsfälle $\varrho=0$ und $\varrho=\infty$. Es ergeben sich die Beziehungen

$$[X_r]_{\varrho=0} = \frac{\frac{\pi^2}{8}-1}{\left(\frac{\pi^2}{8}-1\right)^2+\left(\frac{\pi}{4}\right)^2}\,\omega L \approx 0{,}34804\,\omega L$$

und (106)

$$[X_r]_{\varrho\to\infty} \approx \frac{\omega L}{\pi\varrho}\,.$$

Vergleicht man diese Werte mit den entsprechenden der Gleichung (104) und (105), so erkennt man, daß für große Werte von ϱ, also große Dämpfung des Netzwiderstandes, folgende Beziehung besteht:

$$\frac{[X_r]_{r_p=0}}{[X_r]_{r_p\to\infty}} = \pm\varrho\,. \tag{107}$$

Es kann also jetzt ein ϱmal größerer Reaktanzwert gemessen werden als früher.

Ist ϱ gleich Null, besteht der Netzwiderstand also nur aus einer Induktivität, so erhält man für das Reaktanzverhältnis den Ausdruck

$$\frac{[X_r]_{r_p=0}}{[X_r]_{r_p\to\infty}} \approx \pm 1{,}82919\left[\frac{1}{1+\frac{L}{L_p}}\right]. \tag{108}$$

Bei schwacher Dämpfung des Netzwiderstandes (ϱ ist klein) können dann größere Reaktanzwerte sicherer gemessen werden als früher, wenn das Verhältnis $\frac{L}{L_p}$ kleiner als 0,82919 ist. Es ist noch zu beachten, daß die durch die allgemeine Formel (103) dargestellte Maximalreaktanz für $\varrho=$konstant und $\frac{L}{L_p}=$konstant nach (102) unendlich vielen, voneinander verschiedenen Werten von n und damit von C entspricht.

Denkt man sich diese Werte durch eine kontinuierliche Änderung des Kapazitätswertes der Parallelkreiskapazität vom Anfangswerte $C=\infty$ bis zum Endwerte $C=0$ erreicht, so werden für $\frac{L}{L_p}=$ konstant abwechselnd positive und negative Werte als Lichtbogenreaktanz gemessen, da der Winkel $\frac{n\pi}{2}=\frac{\omega_e}{\omega}\frac{\pi}{2}=\sqrt{\frac{1}{C\,L_p}}\frac{1}{4f}$ hierbei immer wieder sämtliche vier Quadranten durchläuft. Die bei diesem Durchlauf erreichten Extremwerte bleiben für $\varrho=$konstant und $\frac{L}{L_p}=$konstant ihrem Betrage nach konstant; sie wechseln nur mit tg $\frac{n\pi}{2}$ das Vorzeichen.

Im Gegensatz hierzu verläuft der wahre Reaktanzwert des Parallelwiderstandes bei kontinuierlicher Änderung der Parallelkreiskapazität von ihrem Anfangswerte $C=\infty$ bis zum Endwerte $C=0$ nach der Parabel

$$X_p = \omega L_p\left(1-\frac{1}{\omega^2 L C_p}\right) = \omega L_p\,(1-n^2). \tag{109}$$

Den Gleichungen (27) und (28) des 1. Teiles dieses Aufsatzes ist zu entnehmen, daß für beliebige Werte von λ die Reaktanz nur dann negative Werte annehmen kann, wenn folgende Bedingung erfüllt ist:

$$|S_p| > (S - 1) \tag{110}$$

Darin ist $S_p = \frac{L}{L_p}\frac{\pi}{4}(1+\varrho^2)\frac{\operatorname{tg}\frac{n\pi}{2}}{n}$ und $S = \frac{\pi}{4}(1+\varrho^2)\frac{\mathfrak{Tg}\frac{\varrho\pi}{2}}{\varrho}$.

Da $\frac{\operatorname{tg}\frac{n\pi}{2}}{n}$ den Wert ∞ annehmen kann, ist innerhalb der Winkelräume m (π bis 2π), worin m eine ganze, ungerade Zahl bedeutet, Bedingung (110) stets streckenweise erfüllt.

In Bild 26 ist die Funktion $\frac{\operatorname{tg}\frac{n\pi}{2}}{n} = K \cdot S_p$ in Abhängigkeit von $n\pi$ dargestellt. Um entscheiden zu können, wie die Reaktanzmessung bei einem bestimmten Werte von $(S-1)$ verlaufen wird, braucht man nur im Abstand $-K(S-1)$ eine Parallele zur x-Achse zu ziehen. Dem Bild 26 ist zu entnehmen,

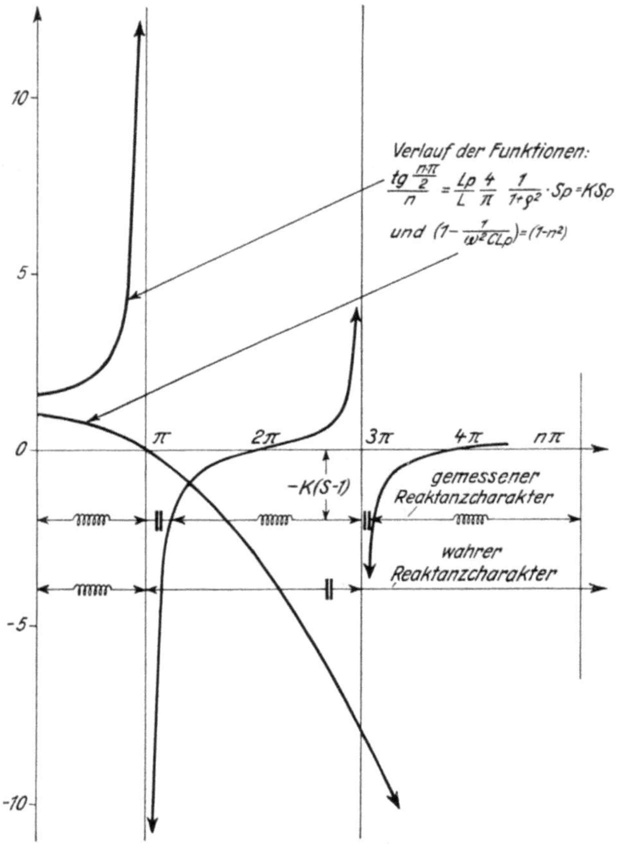

Bild 26. Gemessener und wahrer Reaktanzcharakter bei einem ungedämpft oszillierenden Lichtbogen-Parallelwiderstand.

daß abwechselnd induktive und kapazitive Widerstände gemessen werden, wobei die Zonenbreite der kapazitiven Bereiche mit wachsenden Werten von $n\pi$ immer mehr auf Kosten der induktiven Bereiche abnimmt. Die Zonenbreite der kapazitiven Bereiche nimmt anderseits auch mit wachsender Entdämpfung, also für kleiner werdende Werte von $(S-1)$, ab, weil dann der Abstand der Geraden $-K(S-1)$ von der x-Achse zunimmt.

Die im Bild 26 dargestellte Parabel bildet den Verlauf der Parallelkreisreaktanz vorzeichenmäßig richtig ab. Man erkennt, daß vom Punkte $n\pi = \pi$ angefangen ein kapazitiver Widerstand gemessen werden sollte. Statt dessen schrumpfen die Bereiche, in denen kapazitiv, also richtig, gemessen wird, einerseits mit wachsenden Werten von $n\pi$, anderseits mit wachsender Entdämpfung immer mehr auf Kosten der induktiven Bereiche ein.

Im nächsten Abschnitt wird gezeigt werden, daß bei einem gedämpft oszillierenden Parallelkreis die Verhältnisse noch ungünstiger sind.

Periodischer Fall (Schaltbild .) Reaktanzmessung.

Ist der Parallelwiderstand gedämpft, so findet man aus (90) für S_p den Ausdruck

$$S_p = \frac{L}{L_p}\frac{\pi}{4}(1+\varrho^2)\frac{\sin n\pi/n}{\mathfrak{Cof}\frac{a\pi}{\omega} + \cos n\pi}; \tag{111}$$

darin ist $n = 2\pi f_e = \sqrt{\frac{1}{CL_p} - \left(\frac{r_p}{2L_p}\right)^2} = \sqrt{\frac{1}{CL_p} - a^2}$.

Das Kriterium dafür, daß für die Reaktanz auch negative Werte gemessen werden können, ergibt wieder Gleichung (110). Führt man in dieser Gleichung für S_p und $(S-1)$ ihre expliziten Ausdrücke ein, so ergibt sich die Bedingungsgleichung

$$\left|\frac{\sin n\pi/n}{\mathfrak{Cof}\frac{a\pi}{\omega} + \cos n\pi}\right| > \frac{L_p}{L}\left[\frac{\mathfrak{Tg}\frac{\varrho\pi}{2}}{\varrho} - \frac{4}{\pi}\frac{1}{1+\varrho^2}\right]. \tag{112}$$

Für $\varrho = 0$ bzw. $\varrho \to \infty$ folgen aus (112) die den beiden extremen Betriebsfällen entsprechenden Bedingungen

$$\left|\frac{\sin n\pi/n}{\mathfrak{Cof}\frac{a\pi}{\omega} + \cos n\pi}\right| > \begin{cases} \frac{L_p}{L}\left(\frac{\pi}{2} - \frac{4}{\pi}\right) = \frac{L_p}{L}\frac{\pi}{2}\left(1 - \frac{8}{\pi^2}\right) & \text{für } \varrho = 0, \\ \frac{L_p}{L}\left(\frac{1}{\varrho} - \frac{4}{\pi}\frac{1}{\varrho^2}\right) \approx \frac{L_p}{L}\frac{1}{\varrho} & \text{für } \varrho \to \infty. \end{cases} \tag{113}$$

Diese Bedingung ist um so leichter zu erfüllen, je kleiner $\mathfrak{Cof}\frac{a\pi}{\omega}$ (also die Parallelkreisdämpfung) und $\frac{L_p}{L}$ sind und je größer die Netzdämpfung ist; außerdem kann der $\operatorname{tg}\frac{n\pi}{2}\Big/n$ entsprechende periodische Ausdruck nicht mehr den Wert ∞ erreichen. Bei einer Kapazitätsänderung vom Anfangswerte $C = 1/L_p a^2$ (für den $n = 0$ wird) bis zum Endwerte $C = 0$ werden daher die Pulsationen des periodischen Ausdruckes immer schwächer werden, bis schließlich Bedingung (110) nicht mehr erfüllt werden kann.

In Bild 27 sind für den Fall $\mathfrak{Cof}\frac{a\pi}{\omega} = 2$ zwei volle Pulsationen von $\frac{\sin n\pi/n}{\mathfrak{Cof}\frac{a\pi}{\omega} + \cos n\pi}$ verzeichnet. Die drei mit *I*, *II* und *III* bezeichneten Geraden stellen verschiedene Werte von $-K(S-1) = -\frac{L_p}{L}\frac{4}{\pi}\frac{1}{1+\varrho^2}(S-1)$ dar. Die Gerade *IV* kennzeichnet den Charakter der dem Werte $\mathfrak{Cof}\frac{a\pi}{\omega}=2$ entsprechenden Parallelreaktanz in Funktion von $n\pi$. Man erkennt, daß vom Punkte B angefangen, ein kapazitiver Widerstand gemessen werden müßte. Im Gegensatz hierzu wird bei den den Geraden *I* und *II* entsprechenden Werten von $(S-1)$ nur innerhalb zweier bzw. einer Zone tatsächlich ein kapazitiver Widerstand gemessen. Mit zunehmender Entdämpfung des Netzkreises (ϱ wird kleiner) wird der Abstand der Geraden $y = -K\,(S-1)$ von der x-Achse schließlich so groß, daß durchweg ein induktiver Widerstand gemessen wird (Gerade *III*).

Zusammenfassend kann man sagen, daß ein Reaktanzrelais die Neigung hat, kapazitive oszillierende Widerstände in induktive umzufälschen. Diese Eigenschaft tritt um so stärker hervor, je dämpfungsärmer der Netzwiderstand und je gedämpfter der Parallelwiderstand ist.

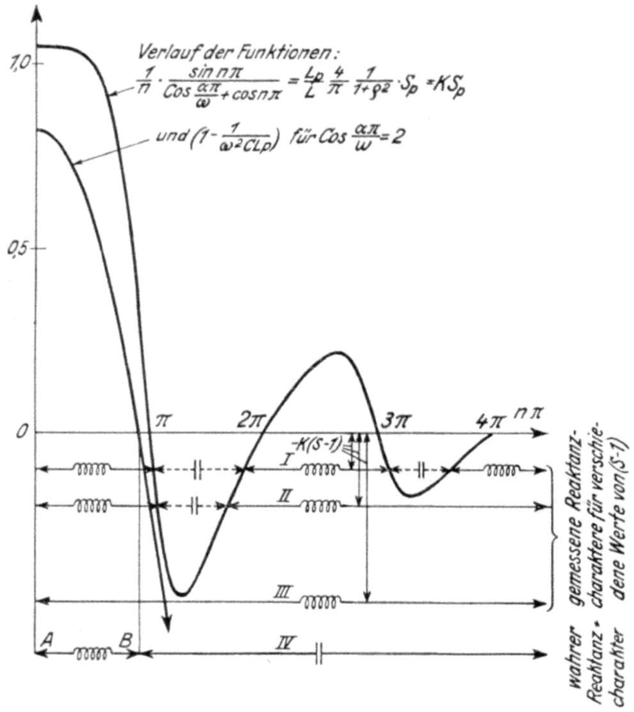

Bild 27. Gemessener und wahrer Reaktanzcharakter bei einem gedämpft oszillierenden Lichtbogen-Parallelwiderstand.

Nicht oszillierende Parallelkreise. Die Gleichungen (90) und (91) umfassen außer dem Falle des ungedämpft und gedämpft oszillierenden Parallelkreises noch folgende Fälle, die außer durch Schaltschemen noch durch die ihnen entsprechenden, aus (90) und (91) berechneten Ausdrücke für S_p und α_p näher gekennzeichnet sind:

		S_p	α_p	wahre Parallelreaktanz	
1.	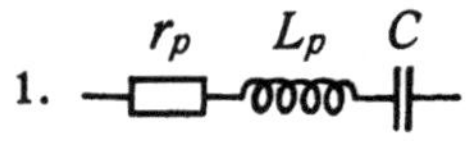 r_p L_p C	$\frac{L}{L_p}\frac{\pi}{4}(1+\varrho^2)\frac{\mathfrak{Sin}\frac{b\pi}{\omega}\Big/\frac{b}{\omega}}{\mathfrak{Cof}\frac{a\pi}{\omega}+\mathfrak{Cof}\frac{b\pi}{\omega}}$	$\frac{\mathfrak{Cof}\frac{b\pi}{\omega}+\frac{a}{b}\mathfrak{Sin}\frac{b\pi}{\omega}+\varepsilon^{\frac{a\pi}{\omega}}}{\mathfrak{Sin}\frac{b\pi}{\omega}\Big/\frac{b}{\omega}}$	$\omega L_p\left(1-\frac{1}{\omega^2 C L_p}\right)$	aperiodischer Fall,
2.	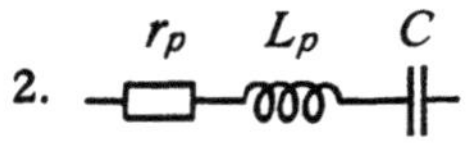 r_p L_p C	$\frac{L}{L_p}\frac{\pi}{4}(1+\varrho^2)\frac{\pi}{1+\mathfrak{Cof}\frac{a\pi}{\omega}}$	$\frac{1+\frac{a\pi}{\omega}+\varepsilon^{\frac{a\pi}{\omega}}}{\pi}$	0	aperiodischer Grenzfall,
3.	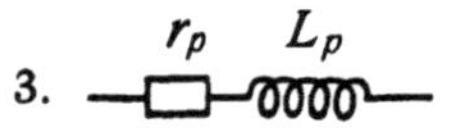 r_p L_p	$\frac{L}{L_p}\frac{\pi}{4}(1+\varrho^2)\frac{\mathfrak{Tg}\frac{\varrho_p\pi}{2}}{\varrho_p}$	$\frac{2\varrho_p}{1-\varepsilon^{-\varrho_p\pi}}$	ωL_p ,	
4.	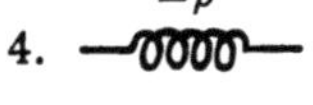 L_p	$\frac{L}{L_p}\frac{\pi}{4}(1+\varrho^2)\frac{\pi}{2}$	$\frac{2}{\pi}$	ωL_p .	

In allen diesen vier Fällen ist $S_p > 0$, also positiv; daher wird immer ein induktiver Widerstand gemessen, wie aus den Gleichungen (98)···(100) hervorgeht. Im aperiodischen Falle kann ein kapazitiver Widerstand in einen induktiven umgefälscht werden, während im aperiodischen Grenzfalle statt des Widerstandes 0 ein induktiver Widerstand gemessen wird.

Da in allen vier behandelten Fällen nicht nur S_p, sondern auch $\alpha_p S_p$ positiv ist, wird nach (92) die Stabilität durchweg erniedrigt.

Nicht oszillierende induktionsfreie Parallelkreise (Schaltbild 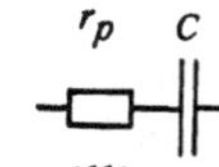 r_p C).
Bei den bisher behandelten nichtoszillierenden Parallelkreisen war sowohl S_p als auch $\alpha_p S_p$ positiv, während bei den oszillierenden Parallelkreisen zwar $\alpha_p S_p$ immer positiv war, S_p hingegen strecken-

weise negativ werden konnte. Beiden Gruppen gemeinsam war, daß der Parallelwiderstand nicht induktionsfrei war, eine sprunghafte Änderung des Lichtbogenstromes daher nicht stattfinden konnte. Als Gruppenbeispiel der nicht oszillierenden induktionsfreien Parallelwiderstände sei die aus einer Kapazität und einem Wirkwiderstande bestehende Serienschaltung behandelt.

Der den Parallelwiderstand durchfließende Strom ist jetzt durch die Differentialgleichung bestimmt:

$$E = i_p r_p + \frac{1}{C}\int_{t=0}^{t} i_p\,dt - E_0\,, \tag{114}$$

darin bedeutet E_0 die zur Zeit $t=0$ bestehende Kondensatorspannung. Aus (114) folgt für i_p die Beziehung

$$i_p = K\,\varepsilon^{-\frac{1}{\omega C r_p}x}\,. \tag{115}$$

Die beiden Konstanten K und E_0 bestimmen wir aus folgenden zwei für den eingeschwungenen Zustand geltenden Randbedingungen:

1. Gleichung (114) muß jederzeit erfüllt sein, also auch zur Kreiszeit $x=0$; für die Konstante K ergibt sich daher die Beziehung

$$K = \frac{E+E_0}{r_p}\,. \tag{116}$$

2. Während des Zeitintervalles $x=0\cdots x=\pi$ wird der Kondensator umgeladen. Da sich die Kondensatorspannung nicht sprunghaft ändern kann, muß am Ende der Umladung die Kondensatorspannung entgegengesetzt gleich sein der Kondensatorspannung am Beginne der Umladung. Aus (114) folgt daher die Beziehung

$$K = \frac{2E_0}{r_p}\,\frac{1}{1-\varepsilon^{-\frac{\pi}{\omega C r_p}}}\,. \tag{117}$$

Aus (116) und (117) ergeben sich für die Konstanten K und E_0 die Ausdrücke

$$E_0 = E\,\mathfrak{Tg}\left(\frac{1}{\omega C r_p}\,\frac{\pi}{2}\right)$$

$$\text{und } K = \frac{2E}{r_p}\,\frac{\mathfrak{Tg}\left(\frac{1}{\omega C r_p}\,\frac{\pi}{2}\right)}{1-\varepsilon^{-\frac{\pi}{\omega C r_p}}} = \frac{2E}{r_p}\,\frac{1}{1+\varepsilon^{-\frac{\pi}{\omega C r_p}}}\,. \tag{118}$$

Für den Strom i_p ergibt sich also die Gleichung

$$i_p = \frac{2E}{r_p}\,\frac{\mathfrak{Tg}\left(\frac{1}{\omega C r_p}\,\frac{\pi}{2}\right)}{1-\varepsilon^{-\frac{\pi}{\omega C r_p}}}\,\varepsilon^{-\frac{1}{\omega C r_p}x}\,. \tag{119}$$

Für den Lichtbogenstrom ergibt sich die Beziehung

$$i_B = i_s - i_p = -\frac{\mathfrak{E}}{\omega L\sqrt{1+\varrho^2}}\cos(x+\varphi_0+\operatorname{arctg}\varrho) + \frac{E}{r}\left(\frac{2\varepsilon^{-\varrho x}}{1+\varepsilon^{-\varrho\pi}}-1\right) - \frac{E}{r_p}\,\frac{2\varepsilon^{-\frac{x}{\omega C r_p}}}{1+\varepsilon^{-\frac{\pi}{\omega C r_p}}}\,. \tag{120}$$

Aus (120) folgen die den beiden Gleichungen (90) und (91) analogen Beziehungen

$$\cos(\varphi_0+\operatorname{arctg}\varrho) = \frac{\lambda}{\sqrt{1+\varrho^2}}\left\{\frac{\pi}{4}(1+\varrho^2)\left[\frac{\mathfrak{Tg}\frac{\varrho\pi}{2}}{\varrho} - \frac{2\omega L}{r_p\left(1+\varepsilon^{-\frac{\pi}{\omega C r_p}}\right)}\right]\right\} = \frac{\lambda}{\sqrt{1+\varrho^2}}(S+S_p)$$

und

$$\sin(\varphi_0+\operatorname{arctg}\varrho) \gtreqless \frac{\lambda}{\sqrt{1+\varrho^2}}\left\{\frac{\pi}{4}(1+\varrho^2)\left[\frac{\mathfrak{Tg}\frac{\varrho\pi}{2}}{\varrho}\,\frac{2\varrho}{1-\varepsilon^{-\varrho\pi}} - \frac{2\omega L}{r_p\left(1+\varepsilon^{-\frac{\pi}{\omega C r_p}}\right)}\,\frac{1}{\omega C r_p}\right]\right\} = \frac{\lambda}{\sqrt{1+\varrho^2}}(\alpha S+\alpha_p S_p). \tag{121}$$

Man erkennt, daß sowohl S_p als auch $\alpha_p S_p$ negativ ist, daß also nach (92) eine Stabilitätssteigerung sicher eintreten wird, wenn $|S_p| \leqq 2S$ und $|\alpha_p S_p| \leqq 2\alpha S$ sind. Theoretisch kann $\lambda_{\max}$ unendlich groß werden, wenn die beiden aus (121) folgenden Bedingungen erfüllt sind:

$$\frac{2\omega L}{r_p}\,\frac{1}{1+\varepsilon^{-\frac{\pi}{\omega C r_p}}} = \frac{\mathfrak{Tg}\frac{\varrho\pi}{2}}{\varrho} \quad\text{und}\quad \frac{1}{\omega C r_p} = \frac{2\varrho}{1-\varepsilon^{-\varrho\pi}}\,. \tag{122}$$

Ist $\omega C=\infty$, besteht der Parallelkreis also nur aus einem Ohmschen Widerstand, so wird $\alpha_p=0$ und $S_p=-\frac{\omega L}{r_p}$; man erhält das merkwürdige Ergebnis, daß ein Ohmscher Parallelwiderstand die Lichtbogenstabilität erhöht.

Ist $r_p=0$, besteht der Parallelkreis also nur aus einer Kapazität, so erfolgt in den Umklapp-Punkten der Lichtbogenspannung eine plötzliche Umladung des Kondensators.

Als Reaktanz kann nach Gleichung (100) sowohl ein kapazitiver als auch ein induktiver Widerstand gemessen werden, je nachdem ob $|S_p|$ größer oder kleiner als $(S-1)$ ist.

Nichtoszillierende induktionsfreie Parallelkreise verhalten sich also bezüglich der Reaktanzmessung wie Kapazitäten; sie können die Stabilität des Lichtbogens theoretisch unbegrenzt steigern.

Reaktanzberechnung bei sinusförmiger Bogenspannung (Schaltbild 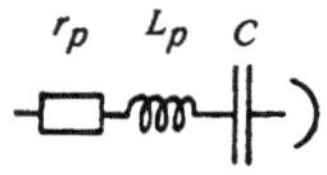

).

Ist die Lichtbogenspannung rein sinusförmig, so ergibt sich für den Netzstrom i_s der Ausdruck

$$i_s = \frac{\mathfrak{E}\varkappa}{\sqrt{r^2 + \omega^2 L^2}} \sin\left(\omega t + \Psi - \operatorname{arctg}\frac{1}{\varrho}\right); \qquad (123)$$

für den Parallelstrom i_p lautet die Beziehung

$$i_p = \frac{\frac{4}{\pi} E}{\sqrt{r_p^2 + \omega^2 L_p^2 \Delta^2}} \sin\left(\omega t - \operatorname{arctg}\frac{\Delta}{\varrho_p}\right). \qquad (124)$$

In (123) und (124) bedeuten

$$\varkappa = \sqrt{1 + \lambda^2 - 2\lambda\cos\varphi_0}\,, \quad \Psi = \operatorname{arctg}\frac{\sin\varphi_0}{\cos\varphi_0 - \lambda}\,,$$

$$\varrho_p = \frac{r_p}{\omega L_p} \text{ und } \Delta = \left(1 - \frac{1}{\omega^2 C L_p}\right). \qquad (125)$$

Für den Bogenstrom i_B ergibt sich

$$i_B = i_s - i_p = \frac{\mathfrak{E}\varkappa}{\sqrt{r^2 + \omega^2 L^2}} \sin\left(\omega t + \psi - \operatorname{arctg}\frac{1}{\varrho}\right) - \frac{\frac{4}{\pi} E}{\sqrt{r_p^2 + \omega^2 L_p^2 \Delta^2}} \sin\left(\omega t - \operatorname{arctg}\frac{\Delta}{\varrho_p}\right); \qquad (126)$$

der Voreilwinkel φ_0 wird aus $(i_B)_{t=0} = 0$ berechnet zu

$$\cos(\varphi_0 + \operatorname{arctg}\varrho) = \frac{\lambda}{\sqrt{1+\varrho^2}}\left(1 + \frac{\Delta(1+\varrho^2)}{\Delta^2 + \varrho_p^2}\frac{L}{L_p}\right) = \frac{\lambda}{\sqrt{1+\varrho^2}}(S + S_p) = \frac{\lambda}{\sqrt{1+\varrho^2}} S'. \qquad (127)$$

Aus der Kontinuitätsbedingung $[i'_B]_{t=0} \geqq 0$ folgt die Beziehung

$$\sin(\varphi_0 + \operatorname{arctg}\varrho) \geqq \frac{\lambda}{\sqrt{1+\varrho^2}}\left[\varrho + \frac{\varrho_p(1+\varrho^2)}{\Delta^2 + \varrho_p^2}\frac{L}{L_p}\right] = \frac{\lambda}{\sqrt{1+\varrho^2}}[\alpha S + \alpha_p S_p] = \frac{\lambda}{\sqrt{1+\varrho^2}}\alpha' S'. \qquad (128)$$

Setzt man die in den Gleichungen (127) und (128) definierten Werte von S' und $\alpha' S'$ in Gleichung (99) ein, so erhält man für $\left(\frac{x_r}{\omega L}\right)_{\max}$ den Ausdruck

$$\left(\frac{X_r}{\omega L}\right)_{\max} = \frac{L_p}{L}\left|\Delta\right| = \frac{L_p}{L}\left|\left(1 - \frac{1}{\omega^2 C L_p}\right)\right|. \qquad (129)$$

Die von einem Reaktanzrelais an der Stabilitätsgrenze gemessene Reaktanz ist daher durch den Ausdruck gegeben:

$$(X_r)_{\max} = \omega L_p \left|\left(1 - \frac{1}{\omega^2 C L_p}\right)\right|. \qquad (130)$$

Das ist der tatsächliche Reaktanzwert unseres Parallelwiderstandes. Beim Betriebe mit Überschußspannung, dem praktisch vorliegenden Betriebsfall, wird für die Parallelreaktanz ein zu kleiner Absolutwert gemessen.

Wenn der Lichtbogenparallelwiderstand negativ (kapazitiv) werden kann, so kann $\lambda_{\max}$ und damit auch λ größer als 1 werden, wie an Hand von (92) nachgewiesen werden kann, wenn man darin für S' und $\alpha' S'$ die durch die Gleichungen (127) und (128) definierten Ausdrücke einsetzt. Für die behandelte Widerstandskombination ergibt sich hierfür als Bedingung

$$\omega L_p \left[\frac{1}{\omega^2 C L_p} - 1\right] > \frac{1+\varrho^2}{2}\omega L + \varrho r_p. \qquad (131)$$

Zusammenfassung.

A. Sinusförmige Lichtbogenspannung.

1. Reaktanzwerte von Lichtbogenparallelwiderständen werden nur in einem einzigen Punkte richtig gemessen, nämlich auf der Kontinuitätsgrenze.
2. Beim normalen Betriebe mit Überschußspannung werden die Absolutwerte der Reaktanzen falsch und zwar zu klein gemessen.
3. Ist der Parallelwiderstand unendlich groß, so kann die Lichtbogenspannungsamplitude bis zur Netzspannungsamplitude anwachsen. Der dem Betriebe auf der Kontinuitätsgrenze entsprechende Wert von λ : $\lambda_{\max}$ ist dann gleich 1.
4. Hat der Parallelwiderstand einen endlichen Wert und enthält er keine elektrischen Speicher, so ist $\lambda_{\max}$ immer kleiner als 1, der Parallelwiderstand wirkt also dämpfend, und die Lichtbogenstabilität wird verringert.
5. Eine Steigerung der Lichtbogenstabilität durch Parallelwiderstände ist nur möglich, wenn ihre Blindkomponente kapazitiv ist. In diesem Falle kann die Lichtbogenspannung größer als die Netzspannung, $\lambda_{\max}$ also größer als 1 werden.

B. Rechteckförmige Lichtbogenspannung.

Während sich Lichtbogenparallelwiderstände in ihrem Verhalten einer sinusförmigen Lichtbogenspannung gegenüber nur wenig voneinander unterscheiden, zerfallen sie in drei deutlich voneinander geschiedene Gruppen, sobald die Lichtbogenspannung Oberwellen enthält, also z. B. rechteckförmig ist; und zwar kann man sie in gedämpft oder ungedämpft oszillierende, in nichtoszillierende mit magnetischen Speichern und in nichtoszillierende ohne magnetische Speicher einteilen.

1. Oszillierende Parallelwiderstände.

Bei ihnen wird der vom Lichtbogen und Parallelwiderstand gebildete Strompfad von einem Wechselstrom durchflossen, der mit der Eigenfrequenz des Schwingungskreises hin und her schwingt; infolgedessen sind in diesem Falle die Angaben eines Reaktanzrelais ganz unmaßgeblich. Solche Widerstände werden nicht nur ihrem Betrage nach, sondern auch ihrem Charakter nach unzuverlässig erfaßt; dabei besteht die Neigung, kapazitive in induktive Widerstände umzufälschen. Diese Eigentümlichkeit tritt um so stärker hervor, je dämpfungsärmer der Netzwiderstand und je gedämpfter der Parallelwiderstand ist. Der Parallelwiderstand kann unter Umständen die Lichtbogenstabilität erhöhen.

2. Nichtoszillierende Parallelwiderstände mit magnetischen Speichern.

Hierher gehören alle nichtoszillierenden Widerstände, bei denen sich der Strom nicht sprunghaft ändern kann. Alle Widerstände dieser Gruppe werden als induktiv angemeldet; kapazitive und Ohmsche Widerstände werden also in induktive umgefälscht. Die Stabilität des Lichtbogens wird durchwegs erniedrigt.

3. Nichtoszillierende Parallelwiderstände ohne magnetische Speicher.

Bei dieser Gruppe kann sich der Strom sprunghaft ändern; die Widerstände dieser Gruppe verhalten sich wie eine Kapazität. Ihr kapazitiver Charakter kann aber durch den induktiven Charakter des Lichtbogenwiderstandes selbst verdeckt sein; sie können also auch als induktive Widerstände gemessen werden. Auf diese Weise können Ohmsche und kapazitive Widerstände als induktive oder kapazitive registriert werden. Die Stabilität des Lichtbogens kann durch diese Widerstandsgruppe unbegrenzt gesteigert werden. Ein einmal gezündeter Lichtbogen kann also auch bei der kleinsten Netzspannung bestehen bleiben, wobei die Rolle des Stabilisators eine induktionsfreie Belastung oder die Netzkapazität spielen kann.

Auf das in diesem Abschnitte gestreifte Phänomen der „wilden Schwingungen“ sowie auf die im Text erwähnte allfällige Nutzbarmachung der Eigenschaften der ersten und dritten Widerstandsgruppe zur Verbesserung der Eigenschaften des Wechselstrom-Schweißlichtbogens sei nochmals hingewiesen.

MIX
Papier aus verantwortungsvollen Quellen
Paper from responsible sources
FSC® C105338

If you have any concerns about our products,
you can contact us on
ProductSafety@springernature.com

In case Publisher is established outside the EU,
the EU authorized representative is:
Springer Nature Customer Service Center GmbH
Europaplatz 3, 69115 Heidelberg, Germany

Printed by Libri Plureos GmbH
in Hamburg, Germany